TMR饲喂技术问答

主　编
李　伟　王　芳

编著者
曲永利　黄　萌　孟维珊
王从展　李　哲　唐　峰

金盾出版社

内 容 提 要

TMR技术指全混合日粮饲喂技术，广泛应用于肉牛、奶牛、羊规模化养殖场。本书内容包括：TMR的起源与发展，TMR调制技术，TMR设备选型与保养，TMR养殖场规划布局与牛舍设计，TMR饲养管理技术，TMR饲喂效果监测，TMR饲喂保健与疫病防控等。内容全面，实用性强，图文并茂，适合养殖场技术人员、基层农技推广人员和农业院校相关专业师生参考。

图书在版编目(CIP)数据

TMR饲喂技术问答/李伟，王芳主编. — 北京：金盾出版社，2013.10
ISBN 978-7-5082-8547-4

Ⅰ.①T… Ⅱ.①李…②王… Ⅲ.①乳牛—饲料—配制—问题解答②乳牛—饲养管理—问题解答 Ⅳ.①S823.95-44

中国版本图书馆CIP数据核字(2013)第149933号

金盾出版社出版、总发行
北京太平路5号(地铁万寿路站往南)
邮政编码：100036 电话：68214039 83219215
传真：68276683 网址：www.jdcbs.cn
封面印刷：北京精美彩色印刷有限公司
正文印刷：北京华正印刷有限公司
装订：北京华正印刷有限公司
各地新华书店经销

开本：850×1168 1/32 印张：5.75 字数：138千字
2013年10月第1版第1次印刷
印数：1～7000册 定价：12.00元

前 言

畜牧业为消费者提供了安全、可口并且富含营养的动物性食品。畜牧业的发展是保障民生的重要产业。目前，我国正处在从高消耗、低产出传统畜牧业向科技、环保、高效的现代化畜牧业发展的关键时期。而实现现代畜牧业持续稳定发展、长期确保畜产品有效供给，根本出路在科技。随着我国动物营养学、畜牧设施和畜牧机械迅速发展，TMR 饲喂技术的应用逐渐成为我国畜牧业向规模化、标准化、现代化发展的一个重要标志。2012 年中共中央一号文件明确指出："稳定发展生猪生产，扶持肉牛肉羊生产大县标准化养殖和原良种场建设，启动实施振兴奶业苜蓿发展行动，推进生猪和奶牛规模化养殖小区建设。"不难想象今后的几十年中，TMR 技术将在我国普遍使用。为了使饲养者更了解 TMR 技术，更好、更快地科学掌握和使用此项技术。我们经过努力，把科学研究成果和生产实际融合起来，以问答的形式，力求做到图文并茂，深入浅出，层次分明地对 TMR 技术进行论述。

本书内容涵盖了 TMR 的起源与发展，TMR 原料，TMR 的制作和饲喂，TMR 搅拌机的使用与维护，TMR 养殖场规划布局与牛舍设计，TMR 饲养管理等相关内容。本书旨在为饲养者提供一本内容丰富，具有指导生产实践，行之有效的 TMR 饲养白皮书。畜牧业的发展靠科学技术的研究，更要靠科技的使用。我们相信随着畜牧生产者对科学技术的理解和应用能力的提高，畜牧业发展会再接再厉、迎难而上、开拓进取，实现新突破、勇创新佳绩。

在本书的写作过程中，有幸得到苗树君教授、曹玉凤教授、殷元虎研究员、曹立军研究员的指导和修改，并得到黑龙江省畜牧研究所的大力支持，在此表示感谢。在著书过程中，虽极力避瑕，但如有不足和错误之处，敬请专家和读者批评斧正。

编著者

CONTENTS 目录

一、TMR的起源与发展 ……………………………………………… (1)
1. 什么是日粮? ……………………………………………… (1)
2. 什么是TMR? ……………………………………………… (1)
3. TMR的由来? ……………………………………………… (1)
4. TMR适用的家畜品种? …………………………………… (2)
5. 使用TMR的好处有哪些? ………………………………… (2)
6. TMR在我国发展概况? …………………………………… (3)
7. 加快推进我国TMR饲养技术的必要性? ………………… (3)
8. 加快推进我国TMR饲养技术的可行性? ………………… (4)
9. 饲喂TMR为什么能够提高牛奶产量? …………………… (5)
10. 饲喂TMR为什么能够保障牛群健康? ………………… (6)
11. 采用TMR技术为什么能够提高牛奶质量? …………… (6)
12. 采用TMR技术为什么能够提高采食量? ……………… (7)
13. 采用TMR技术为什么能够有效降低饲养成本? ……… (7)
二、TMR调制技术 ………………………………………………… (8)
1. 施行TMR技术需要哪些饲料原料? ……………………… (8)
2. TMR饲料可划分为哪几种? ……………………………… (10)
3. TMR饲料中青绿饲料的营养特点是什么? ……………… (11)
4. 应用TMR牛场饲喂青绿饲料过程中应注意什么?
…………………………………………………………… (12)
5. 什么是青贮饲料?青贮饲料分类及优点? ……………… (12)
6. 青贮饲料的制作原理? …………………………………… (14)
7. 制作青贮的注意事项有哪些? …………………………… (15)
8. 制作青贮主要有哪些步骤? ……………………………… (17)

9. 不同青贮原料适宜收割期是什么时间？ …………………… (18)
10. 如何制作优质玉米青贮？ ……………………………… (18)
11. 青贮饲料的贮存设备有哪几种？ ……………………… (23)
12. 制作青贮饲料的添加剂有哪些？ ……………………… (26)
13. 如何制作尿素青贮饲料？ ……………………………… (30)
14. 每立方米可贮存多少青贮料？ ………………………… (32)
15. 什么是青贮饲料的二次发酵？怎样防止二次发酵？
………………………………………………………………… (32)
16. TMR饲料中青贮饲料的喂量是多少？ ………………… (33)
17. 其他青贮饲料原料的制备要求有哪些？ ……………… (34)
18. 如何对青贮饲料品质进行感官鉴定？ ………………… (34)
19. TMR饲料中秸秆氨化的方法？ ………………………… (35)
20. TMR饲料中如何利用糟渣类饲料？ …………………… (36)
21. TMR饲料中酒糟喂量及超量饲喂后果？ ……………… (37)
22. TMR饲料中干草的制作方法有几种？ ………………… (39)
23. TMR饲料中常用能量饲料种类及用量？ ……………… (42)
24. TMR饲料中蛋白质饲料有哪些？ ……………………… (44)
25. TMR饲料中常用蛋白质饲料用量？ …………………… (44)
26. 怎样提高TMR饲料蛋白质的利用率？ ………………… (46)
27. TMR饲料在饲喂时为什么要保证饲料中能量与蛋白质的适当比例？ ……………………………………………… (46)
28. TMR饲料中脂肪添加量如何掌握？过多添加脂肪是否对瘤胃微生物和钙代谢有影响？ ………… (47)
29. TMR饲料中矿物质饲料可分为哪几种？其作用是什么？
………………………………………………………………… (47)
30. 影响TMR饲料中矿物质的利用因素？ ………………… (56)
31. TMR饲料中添加剂的分类？ …………………………… (56)
32. TMR饲料中常用饲料添加剂及用量？ ………………… (57)
33. TMR饲料中维生素饲料的作用？ ……………………… (61)
34. 什么是精料混合料？ …………………………………… (64)

目 录

35. 按照饲料形状分为哪几种饲料？ ………………… (64)
36. TMR 饲料中非蛋白氮饲料的利用？ ……………… (65)
37. TMR 饲料中带绒全棉籽的添加及喂量？ ………… (66)
38. 棉籽饼和菜籽饼中各含有哪些毒素？怎样消除？ … (66)
39. 生豆饼为什么不能直接饲喂？怎样处理？ ………… (67)
40. 在粗饲料质量受限的条件下，豆粕与豆饼的区别在哪？…
…………………………………………………………… (67)
41. TMR 饲料中 DDGS 的利用？ ………………………… (67)
42. TMR 奶牛场为什么要重视水的作用？ …………… (68)
43. TMR 饲料的评定指标都有哪些？ ………………… (69)
44. TMR 水分如何控制？可以加水调节吗？ ………… (69)
45. TMR 干物质含量如何确定？ ……………………… (70)
46. 如何监测青贮饲料中的干物质含量？ …………… (71)
47. TMR 各种原料的养分测定方法？ ………………… (74)
48. TMR 饲料原料样品的抽样采集方法？ …………… (76)
49. TMR 日粮配制方法？ ……………………………… (77)
50. TMR 饲料营养含量要求？ ………………………… (82)
51. TMR 饲料混合填料顺序及注意事项？ …………… (82)
52. 影响奶牛采食的因素有哪些？ …………………… (83)
53. TMR 饲喂为什么要使用分组饲喂方法？ ………… (84)
54. TMR 分组技巧及牛只转群时间？ ………………… (85)
55. TMR 投喂方法及投喂时间？ ……………………… (86)
56. 更换 TMR 饲料为什么要经过 7～10 天过渡期？ … (87)
57. 实配 TMR 饲料营养含量为什么与配方营养含量有
差异？ ……………………………………………… (88)
58. 饲喂 TMR 饲料前为什么不能用水焖饲料？
…………………………………………………………… (88)
59. TMR 饲料颗粒多大为宜？ ………………………… (89)
60. TMR 饲料在加工贮存供应过程中的注意事项有哪些？ …
…………………………………………………………… (90)

61. TMR 质量监控需要注意什么? …………………… (90)
62. 提高 TMR 日粮的能量浓度应注意什么? ………… (92)
63. 如何应用 TMR 饲料缓解奶牛夏季热应激? ……… (93)
64. 颗粒化 TMR 的特点? ……………………………… (93)
65. TMR 饲料中的食盐给量及注意事项? …………… (94)
66. TMR 饲料中饲喂尿素的用量与注意事项是什么? ………
………………………………………………………… (95)
67. 发生尿素中毒如何处理? ………………………… (95)
三、TMR 设备选型与保养 ……………………………… (97)
1. TMR 搅拌车的车型种类有哪些? ………………… (97)
2. 牵引式和固定式 TMR 饲料搅拌车的特点? ……… (98)
3. TMR 混合搅拌车如何选择? ……………………… (99)
4. TMR 搅拌喂料设备特点? ………………………… (100)
5. TMR 搅拌车的容积如何选择? …………………… (100)
6. TMR 搅拌车搅拌量如何计算? …………………… (101)
7. 一立方米 TMR 料有多重? ………………………… (101)
8. 超负荷使用 TMR 饲料搅拌机会有哪些问题? …… (102)
9. TMR 饲料搅拌机如何保养? ……………………… (102)
10. 搅拌车的日常维护如何进行? ………………… (103)
11. 如何为牵引式搅拌车配套拖拉机选型? ……… (103)
12. 固定式搅拌车在安装前的准备工作都有哪些? …… (103)
13. TMR 搅拌车使用时注意事项? ………………… (104)
14. 人工 TMR 饲喂奶牛是否有效? ………………… (106)
四、圈舍设计及饲养设备的配套 ……………………… (107)
1. 如何选择 TMR 牛场场址? ………………………… (107)
2. TMR 牛场除了牛舍奶厅外还应有哪些设施? …… (108)
3. TMR 牛场如何规划与布局? ……………………… (110)
4. 施行 TMR 对牛舍的要求是什么? ………………… (112)
5. TMR 牛舍的卫生标准? …………………………… (114)
6. 如何修建散栏式牛舍? …………………………… (114)

目　录

7. 几种牛舍结构是怎样的？ ……………………………… (116)
8. TMR 牛场牛床如何设计？ ……………………………… (120)
9. TMR 牛场牛槽的尺寸与设计要求有哪些？ ………… (122)
10. TMR 牛场运动场修建要求有哪些？ ………………… (123)
11. TMR 牛场运动场饮水槽设计要求是什么？………… (124)
12. TMR 牛场自锁采食颈枷的设计是怎样的？ ……… (125)
13. TMR 牛场待挤区和挤奶通道设置补饲和补水的必要性？ …………………………………………… (127)
14. TMR 牛舍通风及防暑降温设备要求？ …………… (128)
15. TMR 牛舍牛床垫料的选择？ ……………………… (128)
16. TMR 牛舍橡胶垫如何使用？ ……………………… (130)
17. TMR 牛场防止奶牛热应激的原因？ ………………(131)
18. TMR 牛场有什么办法可以缓解奶牛热应激？ …… (131)
19. TMR 牛场粪尿污水如何处理？ …………………… (132)
20. TMR 牛场使用刮粪板的优点？ …………………… (135)
21. TMR 牛场如何绿化？ ……………………………… (136)
五、TMR 饲喂制度 ……………………………………… (137)
1. 牛的生物学特性？ ………………………………… (137)
2. 牛的复胃结构和特点？ …………………………… (138)
3. TMR 饲养管理器具？ ……………………………… (139)
4. 奶牛年龄辨别方法？ ……………………………… (139)
5. 不同生理阶段奶牛生产周期是怎样的？ ………… (140)
6. TMR 牛场犊牛饲养管理要点是什么？ …………… (143)
7. 犊牛的管理技术有哪些？ ………………………… (143)
8. 提高犊牛的成活率的措施有哪些？ ……………… (146)
9. TMR 牛场育成牛饲养管理要点是什么？ ………… (146)
10. TMR 牛场成年母牛饲养管理要点是什么？ ……… (147)
六、TMR 饲喂效果的检测 ……………………………… (150)
1. 如何根据奶牛膘评分结果调整 TMR 饲料配方？ ……………………………………………………… (150)

2. 如何根据荷斯坦奶牛外貌鉴定结果调整 TMR 饲料配方？ …………………………………………(151)
3. 如何根据空槽综合征评定结果调整 TMR 饲喂制度？ ………………………………………………(154)
4. TMR 散栏饲养条件下牛只发情如何早发现？ ………(155)
5. TMR 牛场应用奶牛生产性能测定(DHI)的意义？ ………………………………………………(155)
6. 奶牛生产性能测定(DHI)主要指标有哪些？ ………(157)
7. TMR 牛场监测体细胞数和奶中尿素氮的作用？ ……(158)
8. 体细胞数影响牛奶产量和品质的原理？ …………(160)
9. TMR 饲料饲喂效果评价？ ………………………(160)
七、TMR 饲喂保健与疫病防控 …………………………(163)
1. 如何保定奶牛 ……………………………………(163)
2. TMR 饲养管理下为什么还要手工挤奶？ …………(163)
3. TMR 牛场牛肢蹄病如何防治？ ……………………(166)
4. 如何经营管理 TMR 牛场？ ………………………(168)
5. TMR 牛场应做什么记录？ ………………………(169)
6. 什么是良好农业规范？ …………………………(170)
7. TMR 牛场冬季牛只防寒的技术措施有哪些？ ………(172)
8. TMR 牛场奶牛冬季易发疾病防治？ ………………(173)

一、TMR的起源与发展

1. 什么是日粮?

一头动物一昼夜采食的能满足其营养需要的各种饲料总量称为日粮(ration)。日粮中各种营养物质的种类、数量及相互比例符合畜禽的营养需要,这种日粮称为平衡日粮。

2. 什么是TMR?

TMR是英文Total Mixed Rations的缩写,中文翻译为全混合日粮,它的概念是指根据不同奶牛生长发育及各泌乳阶段奶牛的营养需求和饲养目的,按照营养调控技术和多种饲料搭配原则而设计出的奶牛全价营养日粮配方,TMR饲喂技术是按此配方把每天饲喂奶牛的各种饲料(粗饲料、青贮饲料、精饲料和各类特殊饲料及饲料添加剂)通过特定的设备和饲料加工工艺均匀混合在一起供奶牛采食的饲料加工技术。该技术适用于具有现代化牛舍、饲养管理规范、机械化挤奶厅和TMR混料车等仪器设备的大型养殖场。

3. TMR的由来?

TMR饲养技术始于20世纪60年代,首先在英、美、以色列等国推广应用。在20世纪70年代初期,美国威斯康星大学在分析了个别饲养法、阶段饲养法和引导(挑战)饲养法的基础上,提出了群饲饲养法。之后群饲饲养法与TMR技术的结合,使之更具科学性和可操作性。目前,奶牛业发达国家如美国、加拿大、以色列、荷兰、意大利等国普遍采用 TMR 饲养技术，而在亚洲的韩国和日本，TMR 饲养技术推广应用也已经达到全国奶牛头数的 50%。TMR 饲养技术在国外虽然已有 40 多年的历史，但是 TMR 饲养技术在国际上真正得以快速推广也只在近些年。

4. TMR 适用的家畜品种？

TMR 饲养技术适用于反刍动物，如奶牛、肉牛和羊等。反刍动物具有挑食的天性，精饲料及适口性好的原料首先被采食，饲草及适口性差的原料被剩下，这不仅会造成营养摄入不平衡，还会造成很大的资源浪费。TMR 根据反刍动物不同生长发育阶段的营养需要，通过营养专家科学设计日粮配方，合理地选配原料，采用特制的搅拌车对日粮的各组分进行搅拌、揉搓、切割、混合、饲喂的先进饲养工艺。营养搭配合理，混合均匀的日粮可以供反刍动物随时采食。在这个工艺中如果操作合理不仅能节约成本、提高牛群的健康状况，还能使产量有大幅度的提高，取得较高的经济效益。国家肉牛产业技术体系中卫综合试验站进行了 TMR 饲喂肉牛的肥育试验和实际生产应用，取得了较好的效果。试验结果表明，应用此项技术，肥育期肉牛平均日增重提高 11.4%，可提高肉牛采食量，有效降低消化系统疾病。

在全国各地具备条件的养殖场及养殖户均可以使用 TMR 饲喂技术，养殖户可采用手工掺拌方法或使用简单机械进行混合加工与饲喂；养殖数量大的规模养殖场，可使用专用设备加工与饲喂。

5. 使用 TMR 的好处有哪些？

全混合日粮（TMR）是结合奶牛散养方式（自由采食）而配制的日粮。便于控制奶牛日粮的营养水平，保证各种营养物质相对平衡和精、粗饲料比例适宜，增加干物质的采食量，维持瘤胃正常发酵、消化、吸收，对提高饲料利用率，发挥奶牛泌乳潜力，维护健康，延长利用年限，获得最佳经济效益均具有重大意义。

6. TMR在我国发展概况？

1984年，Owen指出：通常情况下，TMR饲养法与精粗分饲法相比，对产奶量无明显影响，而对奶的成分有作用，即可提高奶中乳脂和无脂固形物含量。

1985年，北京农业大学周建民先生在北京三元绿荷奶牛养殖中心金星奶牛场和金银岛奶牛场进行了TMR的饲养试验，取得了较好的效果。目前，北京、上海、广州、福建等地部分奶牛场已经采用了该饲养技术。

1995年，我国广州市和上海市也开始应用TMR饲喂技术，经几年的观察，奶牛的生产水平和牛群的健康状况一直处于国内领先水平。但由于条件所限，配置TMR所用的各种设备还不具备，因而使该技术在我国的推广和应用受到了一定的限制。

为适应我国畜牧业快速步入规模化、标准化、专业化、集约化的新形势，着力推动质量效益型现代畜牧产业建设，加快畜牧业发展方式转变，提升农民科学养殖水平，2010年《农业部办公厅关于推介发布2010年农业主导品种和主推技术的通知》（农办发〔2010〕14号），极大地推进了规模化、标准化牛场的建设步伐。

7. 加快推进我国TMR饲养技术的必要性？

一是我国积极进行畜牧业结构战略调整，顺利实现全面建设小康社会的需要。

2010年11月，国务院转发了农业部《关于加快畜牧业发展的意见》，"意见"中明确规定，"……突出发展奶牛和优质细毛羊生产。提高奶类在畜产品中的比重，积极推广和实施'学生饮用奶计划'。"当前，我国农业结构调整的核心问题是发展畜牧业，提高畜牧业产值在农业总产值中的比例，而畜牧业结构调整的核心则是大力发展草食家畜，提高草食家畜在整个畜牧业中所占的比例。奶业是衡量畜牧业发达与否的一个重要标志。大力发展奶牛业是农业结构调整的重中之重。

在《中国食物与营养发展纲要（2001～2010 年）》中规定，到 2010 年奶类总产量为 2 600 万吨，人均占有量为 16 千克，城市居民人均占有量为 32 千克，农村居民人均占有量为 7 千克。要实现这一目标必须要加快集约型畜牧业发展，及早实现畜牧业现代化。

二是加快实现畜牧业现代化的需要。

TMR 饲养技术，其内涵是采用先进的机电联合加工和控制工艺把奶牛的精饲料和粗饲料的加工调制、搅拌混合、送料、喂料连成一体化，实现针对不同阶段牛群饲养的机械化、自动化、定量化、营养均衡化。是实现奶牛现代化生产一个非常重要的环节。

三是尽快解决我国奶牛业饲养技术落后现状的需要。

我国虽然是畜牧业生产大国，家畜饲养历史悠久，但是我国家畜饲养的现代化技术水平却相对落后，尤其是起步较晚的奶牛业饲养技术。所以，尽快引进奶牛 TMR 的成套技术及其设备，消化吸收并应用于生产实践，是实现奶牛场从传统的养殖方式顺利地过渡到现代化的饲养方式的一条快捷途径。

四是提高我国奶牛业饲养经济效益的需要。

任何饲养方法的最终目的都是希望奶牛在恰当的阶段能够采食适量的平衡营养来取得最高的产量、最佳的繁殖率和最大的利润。采用 TMR 饲养是唯一对大小牛群均适用的饲养方式。到目前为止，TMR 饲养技术是控制奶牛日粮养分进食比例的最有效的方法。

8. 加快推进我国 TMR 饲养技术的可行性？

(1)与 TMR 饲养技术相配套的设施设备条件越来越完备

饲喂机械化、自动化，清粪机械化和挤奶厅挤奶智能化已成为国际流行的发展趋势。在设施设备上,我国已有自己的智能化挤奶设备以及 TMR 饲料搅拌车。在奶牛场建筑与牛舍环境控制上已达到一定水平,实现了奶牛场规划合理、牛舍设计规范。

(2)与 TMR 饲养技术相配套的技术日臻成熟 计算机和网络技术在奶牛生产中得以广泛应用。生产管理数字化、信息化、智能化、网络化时代已经到来。

9. 饲喂 TMR 为什么能够提高牛奶产量?

健康的奶牛才能产更多的奶,TMR 技术能够提高牛群健康,确保奶牛瘤胃 pH 值的稳定,为瘤胃微生物创造良好的环境,促进瘤胃微生物的生长、繁殖,提高瘤胃微生物的活性,提高菌体蛋白的合成速率及合成量;TMR 日粮是奶牛真正的全价饲料,配方的制作是以奶牛的实际营养需要为基准,能够挖掘出奶牛最大的生产潜力;搅拌车对饲草与精饲料均匀混合及恰当的切割、揉搓更加利于奶牛的消化吸收(图 1-1)。

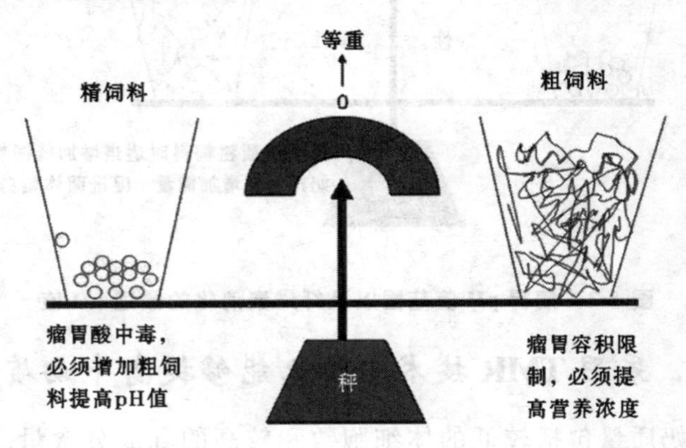

图 1-1 等重量精粗饲料容积示意图

10. 饲喂 TMR 为什么能够保障牛群健康？

TMR 全混日粮经过均匀地搅拌、切割、揉搓等工艺增强了适口性，TMR 的配方是根据奶牛营养需求制定的，解决了奶牛采食随意性问题，降低了人为管理失误因素，TMR 技术可提高瘤胃内环境的稳定性，使瘤胃 pH 值控制在 6.4～6.8，能有效地避免瘤胃酸中毒的发生，进而减少由此产生的前胃弛缓、瘤胃炎、四胃移位、蹄底溃疡、肝脓肿等疾病。减少医疗保健上的开销，降低成本，使奶牛场获得更大的经济效益。国内许多奶牛场生产实践证明，使用数月可降低消化道疾病 90％以上（图 1-2）。

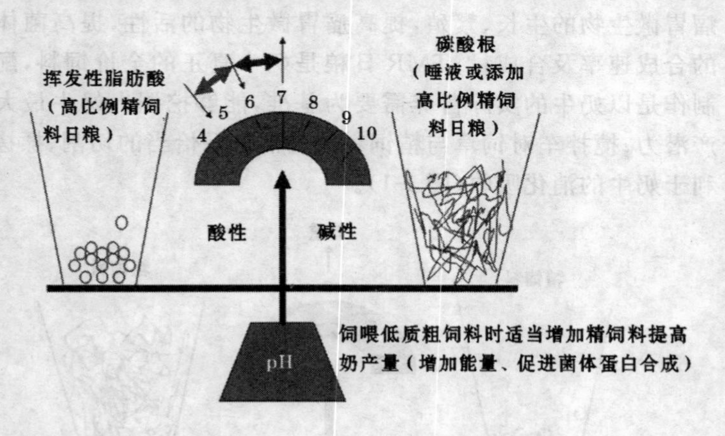

图 1-2　瘤胃 pH 值范围以及纤维素消化的最适 pH 值

11. 采用 TMR 技术为什么能够提高牛奶质量？

牛奶质量包括较低的体细胞数和较高的乳成分含量。TMR 日粮能够提高牛群健康，自然可以有效降低乳品中的体细胞数；混合均匀的日粮，为瘤胃微生物同时提供蛋白质、能量、纤维素等均衡的营养，加速瘤胃微生物的繁殖，提高菌体蛋白的合成效率和饲料的消化效率，能够有效提高乳蛋白率和乳脂率。

12. 采用TMR技术为什么能够提高采食量？

TMR工艺可以改善饲料的适口性，能够刺激奶牛的食欲；TMR技术保证了反刍动物所采食的每一口饲料都是营养均衡的。TMR技术能够保证精、粗饲料混合均匀，改善饲料适口性，避免反刍动物挑食与营养失衡现象的发生，并能提高饲料转化率，特别是粗饲料，将干草、秸秆、青贮玉米等粗饲料合理切短、破碎揉搓，利于奶牛的采食、消化，有利于采食量的提高。

13. 采用TMR技术为什么能够有效降低饲养成本？

奶牛全混合(TMR)日粮工艺的应用实现分群管理和机械饲喂，可提高劳动生产率，降低奶牛场管理成本。TMR可使人工效率由过去的10～15头/人提高到40～50头/人。传统饲喂中奶牛采食后容易剩下一些较粗的秸秆，从而造成浪费；而采用搅拌车加工可以对这些秸秆进行切割、揉搓，易于反刍动物进食。

二、TMR 调制技术

1. 施行 TMR 技术需要哪些饲料原料?

(1)全混合日粮需要饲料的种类多 粗饲料是饲养奶牛的基础,精饲料只是饲喂奶牛的一种补充料。粗饲料质量是影响我国奶牛产奶量最重要的因素。

青干草类:如苜蓿干草、芦苇、羊草、紫云英及各种野干草。奶牛的最优质粗饲料是青干草,可维持正常的瘤胃内环境和提高乳脂率。现代奶牛业取得的成就,奶牛产奶量的提高,就是优质青干草的作用,它是现代奶牛业的标志之一。

块根、块茎、瓜果类饲料:如甘薯、胡萝卜、马铃薯、萝卜、甘蓝、西瓜皮、南瓜、甜菜等。营养特点:适口性好;主要作为能量饲料添加,水分含量高。

青绿饲料:如甘薯蔓、花生藤、黑麦草、苜蓿、三叶草、玉米青刈、各种青菜等。其营养特点是蛋白质含量丰富,富含多种维生素,适口性好,体积大,水分含量高。由于青绿饲料具有上述多种优点,牛喜采食,加之来源广泛,成本低廉,一些地区的农户缺乏科学饲养的知识,大量饲喂奶牛。因为青绿饲料水分含量高,牛采食后很快就有饱感,但因其干物质及其他养分摄食不足,反而不利于奶牛生产性能的发挥。所以含水分高的饲料在 TMR 饲料中要严格控制用量。

农副产品类:大麦秸、小麦秸、稻草、玉米秸、花生藤、大豆秸、荞麦秸等(表 2-1)。其营养价值较低,粗纤维含量高,适口性差,消化率低,但来源广,成本低。奶牛食入可使机体产生饱感。但对于高产奶牛严格说没有饲喂价值。

表2-1 秸秆饲料营养价值 （%）

名称	干物质	粗蛋白质	粗脂肪	粗纤维	无氮浸出物	粗灰分	钙	磷
玉米秸	93.7	7.8	1.6	22.4	57.0	4.5	0.3	0.2
大豆秸	89.7	3.2	0.5	46.7	35.6	3.7	0.61	0.03
谷草	90.7	4.5	1.2	32.6	44.2	8.2	0.34	0.03
稻草	92.2	3.2	1.3	32.6	41.6	13.5	0.15	0.04
小麦秸	91.6	2.8	1.2	40.9	41.5	5.2	0.26	0.03

糟渣类饲料：豆腐渣、粉渣、啤酒糟、酱油渣、白酒糟、甜菜渣等。营养特点是适口性好，可提供蛋白质。啤酒糟是由大麦麦芽、谷皮、其他谷物、残化糖渣干燥而成。其粗蛋白质含量高于白酒糟，如无氮浸出物占39%～43%，脱水干燥后，是奶牛优质饲料资源。

TMR中粗饲料营养价值顺序为优质干草、野生干草、玉米秸、麦草、稻草。在TMR技术中粗饲料应以豆科、禾本科和秸秆类饲料混合使用效果好。青贮饲料作为奶牛日采食量最多的一种饲料，要注意供给充足、品质优良。

豆粕、棉粕蛋白质易分解，蛋氨酸和胱氨酸低于需求水平，棉粕中赖氨酸含量也较谷物蛋白质低，缺乏必需氨基酸，特别是赖氨酸和蛋氨酸。TMR以玉米和青贮玉米为主时，应限制玉米副产品作为过瘤胃蛋白质的用量，添加碳酸氢钠（小苏打）100～150克，缓冲酸性。

(2)奶牛全混合日粮需要饲料营养含量准确 奶牛场对所用饲料原料的营养含量掌握准确无误是保证TMR营养含量全价、平衡的先决条件，因为当原料成分变化时，正确的配方也可使TMR迅速变得营养不平衡。例如当青贮玉米干物质从35%变为

45%时，蛋白质摄入量仅相差 0.1 磅(45.4 克)，但却造成 1 磅(454 克)的乳蛋白产量的变异；对于高产牛，粗饲料干物质减少导致食欲不振、酸中毒等。这就要求奶牛场有一套相应的保障制度，如建立自己的饲料化验室，饲料订购合同指明原料营养含量，饲料保存制度等。

2. TMR 饲料可划分为哪几种？

根据国际饲料分类依据原则，美国学者 L. E. Harris(1956)的饲料分类原则和编码体系，迄今已被多数学者所认同(引自韩友文主编《饲料与饲养学》，1999)，以饲料干物质中的化学成分含量及饲料性质为基础，将饲料分成 8 类，即青绿饲料、青贮饲料、粗饲料、能量饲料、蛋白质饲料、矿物质饲料、添加剂饲料和维生素饲料(表 2-2)。

表 2-2 饲料分类表

饲料类别	饲料编码	划分饲料类别依据		
		水分(自然含水%)	粗纤维(干物质%)	粗蛋白质(干物质%)
粗饲料	1—00—000	<45	≥18	
青绿饲料	2—00—000	≥45	—	
青贮饲料	3—00—000	≥45	—	
能量饲料	4—00—000	<45	<18	
蛋白质补充料	5—00—000	<45	<18	<20
矿物质饲料	6—00—000	—	—	
维生素饲料	7—00—000	—	≥20	
饲料添加剂	8—00—000	—		

3. TMR饲料中青绿饲料的营养特点是什么？

青绿饲料指天然水分含量45%以上的青绿多汁植物性饲料。包括天然野青草、人工栽培牧草、青刈作物、新鲜树叶及非淀粉质的块根块茎、瓜果类饲料等。青绿饲料适口性好，消化利用率高，能刺激牛的采食量，是牛的重要饲料来源。青绿饲料的一般特征是颜色青绿，新鲜多汁，纤维素少，容易消化吸收，牛特别爱吃。青绿饲料不仅营养丰富，还会提高整个日粮的利用率。

(1)青绿饲料是廉价的蛋白蛋来源　按干物质计，青绿饲料中粗蛋白质含量比禾本科子实中蛋白质数量还多，且单位面积上粗蛋白质收获量也较高，如青苜蓿苗中粗蛋白质占干物质的20%左右。青绿饲料中蛋白质的含量，不仅在数量上能满足任何生理状态下牛对蛋白质的相对需要量，而且必需氨基酸含量很高，氨基酸组成比例适当。所以青绿饲料的蛋白质生物学价值较高。

(2)青绿饲料是多种维生素的重要来源　青绿饲料中含有各种维生素，特别是胡萝卜素、B族维生素、维生素C、维生素E、维生素K的含量也不少。牛的日粮中，经常保持有青绿饲料，则不会患维生素缺乏症，甚至大大超过营养需要量。但维生素B_6很少，缺乏维生素D。

(3)青绿饲料是钙的重要来源　青绿饲料中含有丰富的钙、钾等碱性元素，尤其是豆科牧草中钙的含量更为丰富，而且钙磷比适宜，以青绿饲料为主要饲料的牛，不会出现缺钙现象。青绿饲料中的铁、锰、锌、铜等必需元素含量也较高。

(4)青绿饲料中粗纤维含量低　青绿饲料不仅粗纤维含量低，而且木质素少，无氮浸出物较高。植物开花前或抽穗前利用，则消化率最高。

(5)青绿饲料的水分含量高　一般在75%～90%，每千克仅含消化能1 255.2～2 510.4千焦，不能满足牛能量需要，必须配合其他饲料。

4. 应用 TMR 牛场饲喂青绿饲料过程中应注意什么?

(1)放牧或青刈时间 抽穗开花前后利用最为适宜,结籽后的野草,仍然可以喂给牛,但其适口性差,营养价值大减,且浪费也大。

(2)要注意均衡供应 延长青饲时间。若放牧过度,青草没有充分恢复生机,也不能在根部储备充分养分,不利于以后生长,最好分区轮牧。

(3)使用田间杂草 必须注意是否在近期内使用过农药,以免误食,引起牛中毒。

(4)饲喂与贮存 在春季刚开始利用(放牧)青草时,由于数量少,牛不能普遍食用,应优先喂给繁殖母牛和犊牛。同时,在牧草生长旺盛时期,也正是植物代谢旺盛时期,一些与蛋白质合成有关的酰胺类物质及硝酸盐生成较多,若采食或贮存不当,会引起牛中毒。

菜叶类饲料因水分含量大,饲喂时能量较低,需增加饲喂次数。又因含有较多的草酸,易引起腹泻和影响钙的吸收,所以在饲喂时,日粮中应增加钙的给量。饲喂此类饲料时,还要严防亚硝酸盐中毒,因为它含有较多的硝酸盐,这种物质在调制或存贮过程中易变为亚硝酸盐。

5. 什么是青贮饲料? 青贮饲料分类及优点?

青贮饲料是将含水率为 65%~75%的青绿饲料切碎后,在密闭缺氧的条件下,通过厌氧乳酸菌的发酵作用,抑制各种杂菌的繁殖,而得到的一种粗饲料。青贮饲料气味酸香、柔软多汁、适口性好、营养丰富、利于长期保存,是家畜优质饲料来源。

(1)青贮分类

①普通青贮(高水分青贮) 按正常收割时期进行收割,并立

即进行青贮。

②低水分青贮(也称半干青贮) 青贮原料刈割后,经风干水分含量达45%～50%时,进行青贮。一般豆科牧草用此种方法贮存。

③黄贮 是相对于青贮而言的一种秸秆饲料发酵办法。和青贮使用新鲜秸秆、自然发酵不同,黄贮是利用干秸秆作原料,通过添加适量水和生物菌剂,压实后再贮存的一种技术。

④添加剂青贮:如接种乳酸菌、添加酶制剂、糖蜜、盐、甲醛、尿素(1 000千克原料加4.5～6千克)等。尿素青贮在奶牛上不提倡使用,一是容易中毒,二是6吨以上的奶牛使用此种青贮易得代谢病。

(2)青贮饲料的优点

①营养损失少 调制青贮饲料,由于不受日晒、雨淋的影响,可以保存青绿饲料的营养成分,一般青绿植物,晒干后营养损失较多,可达30%～50%。而青贮饲料仅降低10%～15%。因为青贮是在厌氧条件下保存,营养成分被氧化分解的较少。优质青贮可有效保存青绿饲料的蛋白质和维生素。特别是胡萝卜素的保存率极高。

②可改善饲草品质 青贮饲料适口性好,易消化。如菊科类植物及马铃薯茎叶等在青饲时,具有怪味,适口性差,饲料利用率低。但经青贮之后,气味改善,柔软多汁,提高了适口性,减少了废弃部分。一般干草含水量在14%～17%,而青贮含水量达70%,加上青贮的酸醇香味,适口性比干草强。据测定收完子实的玉米秸青贮较干玉米秸粗纤维低2.29%～5.95%,而粗蛋白质比干玉米秸高0.82%～1.09%。

③可以扩大饲料资源 青贮原料广泛,一些无毒植物的茎叶、根茎均可制成青贮饲料。并且有些植物制成干草,质地比较硬,家畜不愿采食,而制成青贮饲料,质地柔软,适口性好,消化率较高。

有些植物和农副产品，收获期很集中，且收获量又很大，一时用不完，又不能直接存放，若及时调制成青贮料，则可很理想地解决此矛盾。

④青贮可长期保存　青贮饲料在密封条件下，可长期贮藏，最长可保存 20～30 年。利用青贮饲料可以延长青饲季节，青绿饲料虽然很好，但一年四季中能正常利用的季节有限，而采用青贮的办法调制青贮饲料，可以弥补青饲料在利用时间上的缺陷，有利于营养物质的全年均衡供应。

⑤青贮单位容积存量大　青贮饲料贮存空间比干草小。1 米^3 青贮重量可达 450～700 千克，其中干物质为 150～200 千克；而 1 米^3 干草的重量仅约为 70 千克，干物质重约为 60 千克。

⑥青贮饲料调制方便，耐久藏　青贮饲料调制很方便，一次贮备，长久利用，而且在调制过程中不太受气候条件的限制。

⑦调制青贮受天气影响小　在阴雨季节或天气不好时，晒制干草困难，易发霉变质，降低干草品质。而制作青贮虽然也受天气的影响，但是由于用的时间短，只要符合青贮的条件就可以调制出优质青贮。

⑧可减少病、虫、草害　青贮饲料经发酵后，可使原料病菌、虫卵和杂草籽失去活力。

6. 青贮饲料的制作原理？

青贮饲料的原料有大麦青贮、黑麦青贮、全株玉米（或高粱）、块根块茎类青贮、野青草青贮、树叶青贮、甜菜渣青贮、豆科禾本科草混合青贮。青贮饲料制作过程实质是微生物的发酵过程，主要是乳酸菌的作用，使饲料中的糖类转变为乳酸，而由于乳酸的产生，使饲料中的酸度增大而抑制其他微生物的繁殖。当 pH 值达到 4.2 时，青贮饲料中的微生物（包括乳酸菌本身）在厌氧条件下，几乎完全停止活动，从而使青贮饲料可以长期保存，并成为一种具特殊气味、适口性好、营养丰富的饲料。具体发酵过程分为5个阶段。

第一阶段，青贮原料刈割后，植物细胞并没有死亡，仍继续呼吸作用，使有机物质氧化分解，产生二氧化碳（CO_2）、水（H_2O）和热量。同时，植物细胞因受机械压力而排出汁液，这个阶段由于植物呼吸产生热量伴有温度上升，如果镇压得好，空气少，温度可维持在20℃～30℃，若镇压不好，且原料含水少温度可达50℃，青贮品质变劣。

第二阶段，青贮最初几天主要使好氧菌发酵，如腐败菌、霉菌等繁殖强烈，破坏原料中的蛋白质产生吲哚和气体及少量的乙酸。但是这一阶段时间很短。

第三阶段，随着植物细胞呼吸作用，好氧菌繁殖，青贮料中的氧气逐渐减少，好氧菌活动变弱或停止。乳酸菌开始活跃。

第四阶段，在厌氧条件下，乳酸菌大量繁殖，利用青贮料的糖类（主要是淀粉和葡萄糖）产生大量乳酸，使pH值逐渐下降，pH值低于4.2时，不但腐败菌、酪酸菌等活动受到抑制，乳酸菌本身也开始被抑制。青贮整个发酵过程需要17～21天完成。

第五阶段，转到安静阶段可以长期保存。

7. 制作青贮的注意事项有哪些？

根据饲料青贮的原理，在青贮过程中，应想尽一切办法为乳酸菌的生长繁殖创造条件，使它很好地发育起来，成为优势菌落，很快产生足够数量的乳酸。有利于乳酸菌生长繁殖的条件主要有：厌氧环境、原料中足够的糖分和适宜的含水量，三者缺一不可。

(1)厌氧环境 由于乳酸菌的生长繁殖，需要在厌氧环境中进行，所以在青贮过程中一定要及早创造厌氧环境。这就要求做到：首先要切短压紧。无论装在何种青贮设备中，都需要对原料切短压紧。对于质地粗硬的原料尤其重要。通常切成2～3厘米长，采用逐层踏实的办法。对青贮窖来说,更应注意四壁原料的压紧。其次要快装,在调制青贮饲料的过程中,必须抓紧时间,集中人力,缩短原料在空气中暴露的时间,装窖过程越快越好。再者封严,青贮原料装完后就得及时封闭,隔绝空气。

(2)原料中充足的糖分 糖是乳酸菌形成乳酸的原料,只有足够数量的糖,才有可能使乳酸菌形成足够数量的乳酸。若原料中可溶性糖含量很少,即使其他条件都具备,也不能制得优质青贮料。

(3)适宜的水分 一般青贮法对原料的含水量要求为 68%~75%,过干或水分过多都不利。原料中水分不足,则不易压实,易引起发霉变质,若原料比较柔软,则水分少些还可以压实,原料粗硬,极难压实。原料中水分过多,可溶性营养物质易随渗出的汁液而流失。若窖底不渗水,则底部水分过多,引起酸度太大(多半是乙酸),影响青贮饲料的品质。

(4)适宜的温度 青贮适宜温度 20℃~30℃。

青贮饲料带有酸味,或由于其他原因,在开始饲喂时,牲畜有不愿采食现象,只要经过短期训练,完全可以扭转。训练方法是,先空腹饲喂青贮料,再喂其他草料;先将青贮料拌入精料中,再喂其他草料;先少喂青贮料,再逐渐加大喂量,或将青贮料和其他草料拌在一起饲喂。经过这样训练,一般反刍动物都能很好地采食青贮饲料。不可把变质、发霉的青贮饲喂奶牛;禁喂冰冻的青贮,以免引起腹泻和流产。

(5)制作中防止中毒

①防止亚硝酸盐中毒 蔬菜、饲用甜菜、萝卜叶、芥菜叶、油菜叶等均含有硝酸盐,硝酸盐本身无毒,但在细菌的作用下,硝酸盐可被还原为具有毒性的亚硝酸盐。青饲料堆放时间过长,发霉腐败,产生大量的亚硝酸盐。

②防止氢氰酸和氰化物中毒 氰化物是剧毒物,即使在饲料

中含量很低也会造成中毒。青饲料中一般不含氰化物，但在高粱苗、玉米苗、马铃薯幼苗、亚麻叶、蓖麻籽饼、三叶草、南瓜蔓中含有氰苷配糖体。经过堆放发霉或霜冻枯萎，在植物体内特殊酶的作用下，氰苷配糖体被水解而生成氢氰酸。

③防止草木樨中毒　草木樨本身不含有毒物质，但含有香豆素，当草木樨发霉腐败时，在细菌作用下，可使香豆素变为双香豆素，其结构与维生素K相似，二者具有拮抗作用。

④防止农药中毒　青饲料作物在生长期经常要喷洒农药，其邻近的杂草或蔬菜也会被污染上农药，一旦被动物啃食会出现中毒。一般喷药后，等下过雨或隔1个月后再割草利用。

⑤尿素中毒　饲喂尿素青贮时，要逐渐增加防止中毒。

8. 制作青贮主要有哪些步骤？

打扫，切料，装料，压实，堆顶，密封，开窖取料（图2-1）。

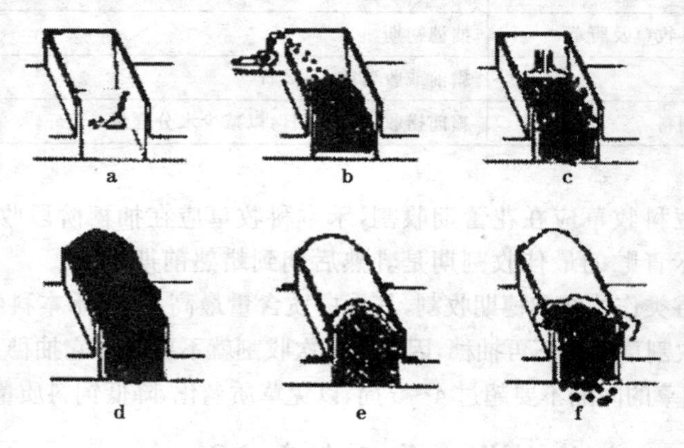

图2-1　青贮制作步骤

a. 打扫　b. 切料装料　c. 压实　d. 堆顶　e. 密封　f. 取料

9. 不同青贮原料适宜收割期是什么时间?

青贮原料的适时收割,不但水分、糖分和碳水化合物含量适当,而且可以从单位面积上获得最高的干物质产量和最高的营养利用率,从而增加牲畜的采食量,提高家畜的生产性能。各种青贮原料的适宜收割期见表 2-3。

表 2-3 几种常用的青贮原料的适宜收割期

青贮原料种类	适宜的收割期
全株玉米(带果穗)	蜡熟期至黄熟期,如遇霜害也可在乳熟期收割收果穗后的玉米秸玉米果穗成熟,有一半以上的叶为绿色时,立即收割玉米秸青贮,或玉米成熟时(削尖青贮,削尖青贮时果穗上都应保留一片叶)
高粱	蜡熟期收割
豆科牧草及野草	开花初期
禾本科牧草及野草	抽穗初期
甘薯藤	霜前或收薯前 1～2 日
水生饲料	霜前捞收,凋萎 2 日,以减少水分含量

豆科牧草应在花蕾期收割,禾本科牧草应在抽穗阶段收割,带穗玉米青贮的最佳收割期是乳熟后期到蜡熟前期。

谷类作物在孕穗期收割,其蛋白质含量最高,许多禾本科牧草在第一次割草后便不再抽穗,因此第二次收割就不要再等它抽穗。通常 2 次割草的间隔不要超过 4～5 周,以免草质老化,降低饲料质量。

10. 如何制作优质玉米青贮?

(1)适时收割 适时收割不但可以在单位面积上获得最多营养物质的产量,而且含水量和含糖量适宜,有利于乳酸菌发酵,用于制作优质青贮。全株玉米青贮适宜收获期为乳熟后期至蜡熟前期，最好在蜡熟期营养含量最高；去穗玉米青贮，应在收穗后马上制作青贮，在上霜前完成；其他禾本科牧草，应在孕穗至抽穗期进行(图 2-2)。

图 2-2　适时收割玉米

玉米子实胚线可用作确定何时收割，制作青贮的玉米的指示器。一般地说，当玉米子实胚线处在一半时收割，则制作的青贮玉米质量最佳。然而玉米子实胚线的位置和全株玉米的含水量之间的关系不是恒定不变的，而是变化较大的。因而有时候当玉米子实胚线处在一半时收割全株玉米，但其含水量并不处在制作优质青贮的最适宜含水量。

玉米子实胚线的最大用处在于确定何时测定全株玉米的含水量。一旦大多数玉米子实凹进，胚线变得清晰，则可收割部分玉米，以测定其含水量。何时收割玉米由全株玉米的实际含水量来决定(图 2-3)。

全株玉米干物质的准确测定对青贮玉米的质量至关重要。当在牧场内测定干物质时，应该认真采样和测定，并必须达到稳定的干物质重量时才计算样品中的干物质含量。另外，也可请实验室测定样品的干物质含量。

(2)含糖量要充足　含糖量至少是鲜物的1%～1.5%。

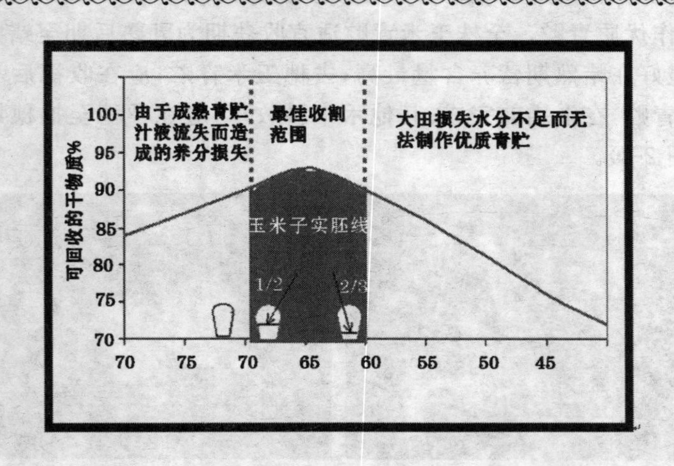

图 2-3 玉米子实胚线(成熟度)显示预期产量

(3)最佳含水量 全株玉米的含水量在 65%～70%时制作的青贮玉米质量最佳。这一含水范围内的玉米制作的青贮也非常适合长期保存。如果收割时全株玉米的含水量在 70%以上,则由于汁液的流失易造成养分的损失、增加青贮玉米的酸度并进而造成奶牛干物质采食量的下降,同时降低了以干物质计算的玉米单产。估计含量方法见表 2-4。

表 2-4 估计粗料(包括青贮饲料)含水量的手工方法

用手挤压粗料(包括青贮饲料)	水分含量(%)
水很易挤出,饲料成形	>80
水刚能挤出,饲料成形	75 ～ 80
只能少许挤出一点水(或无法挤出),但饲料成形	70 ～ 75
无法挤出水,饲料慢慢分开	60 ～70
无法挤出水,饲料很快分开	<60

(4)切割长短 一般建议制作青贮的玉米切成 0.94 厘米左

右，根据全株玉米及玉米子实的含水量、玉米品种等，切割长短可适当变化，范围为0.63～1.25厘米。

用普通切割机切割玉米芯和玉米子实，为了把纤维切成有效长度，有必要切成更短一些。没有分解的玉米子实往往未经消化吸收就排出体外，而较大的玉米芯往往剩在食槽的角落。这意味着长度超过2厘米的玉米青贮不应超过总数的5%～10%。

应评估青贮玉米，包括玉米子实和玉米芯的大小，以确定恰当的切割机的刀片放置。玉米子实胚线超过1/2及全株玉米含水率小于65%，则切割的玉米理论长度应为0.63厘米，如果收割的玉米尚未成熟，含水率较高或玉米品种的子实结构较软，则切割的玉米的理论长度可达1.25厘米(图2-4)。

(5)切割高度　切割高度从离地13厘米提高到40厘米，青贮玉米的干物质产量则减少15%，但饲喂每吨青贮玉米而产生的产奶量有所上升，因为纤维较多而又不易消化的那部分留在了田里，同时因为硝酸盐一般集中在玉米秸秆的下部，因而切割高度的提高可降低硝酸盐的影响(图2-5)。

图2-4　切割玉米秸秆、玉米芯和玉米子实

图2-5　保持正确的切割高度收获玉米青贮

具有条件的牧场可以租用青贮收割机(图2-6，图2-7)，可大

大提高效率。

图 2-6 切碎装车

图 2-7 切碎与装车同步进行

(6)装填和压实 切短的青贮原料，应及时装入青贮窖（塔）。土窖应在窖的底部和四壁铺上塑料薄膜。装填青贮饲料时要逐层装入，每层 15～20 厘米，装一层踩实或机械压实一层，边装边压实，直至高出青贮窖 30～40 厘米（图 2-8）。

a

b

c

图 2-8 装填压实青贮窖

a. 装填 b. 机械压实 c. 人工压实

(7)密封 密封要严实。青贮饲料装满窖之后，上面用塑料薄膜封顶，四周用泥土或轮胎把塑料布压实封严，防止漏气和雨水流入（图 2-9）。

图 2-9 密封青贮窖

11. 青贮饲料的贮存设备有哪几种？

制作青贮饲料的贮存设备很多，一般有青贮窖、青贮壕、青贮塔、青贮袋、青贮堆（图 2-10，图 2-11）。

青贮窖适用于农村专业养牛户；青贮塔一般在大型养殖场采用，它造价虽高，但在使用过程中对原料的损失较少，比较经济。

青贮窖有地上式及半地下式 2 种。前者适于地下水位较高或土质较差的地区；后者适于在地下水位较低，土质较好的地区。青贮窖应选择地势较高、向阳、干燥、土质较坚实的地方，切忌在低洼处或树荫下挖窖，还要避开交通要道、粪场、垃圾场等，同时又要求距牛舍较近，并且四周要有一定空地，便于运送原料。

堆贮是在砖地或混凝土地上堆放青贮的一种形式。这种青贮只要加盖塑料布，上面再压上石头、汽车轮胎或土就可以（图 2-12）。但堆垛不高，青贮品质稍差。堆垛应为长方形而不是圆形，开垛后每天横切 4～8 厘米，保证让牛天天吃上新鲜的青贮。

青贮窖的大小应根据地形、牛饲养数量、需要量、铡草设备的功率等来决定。如牛饲养量较多，每天需要量大，则采用长方形窖

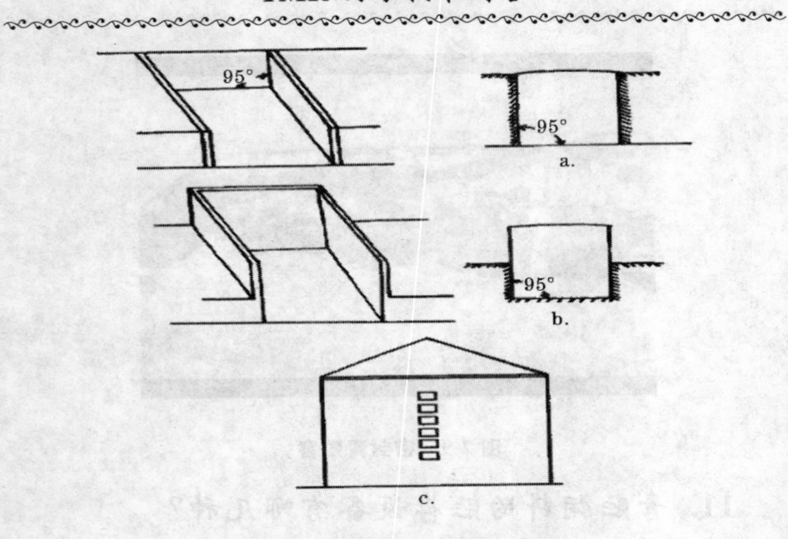

图 2-10　主要青贮容器示意图

a. 地下式青贮窖　b. 半地下式青贮窖　c. 青贮塔

图 2-11　青贮窖示意

a. 地上式青贮窖　b. 半地下青贮窖

为好。若牛饲养量不多，每天需要量不大，则可用小圆窖（图 2-13）。青贮窖一般每立方米容积可贮青贮饲料 500～650 千克。

圆筒塑料袋：选用 0.2 毫米以上厚实的塑料膜做成圆筒形，与

图 2-12 地面堆贮

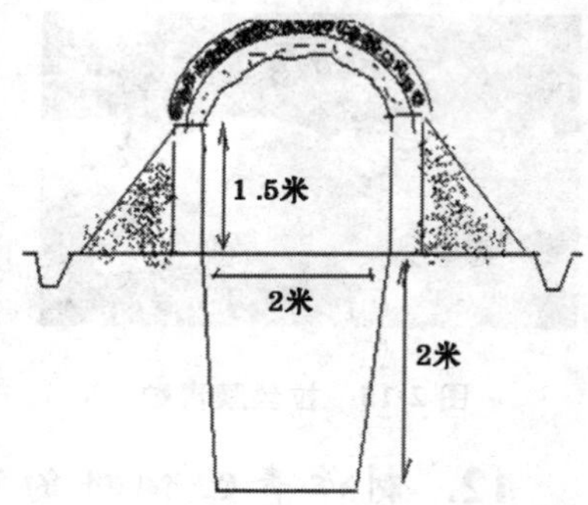

图 2-13 小圆窖青贮

相应的袋装青贮切碎机配套，如不移动可以做得大些，如要移动，以装满后 2 人能抬动为宜。塑料袋可以放在牛舍内、草棚内、院子内堆放，最好避免直接晒太阳而使塑料袋老化碎裂，要注意防鼠、防冻(图 2-14)。

另外，还有拉丝膜青贮(图 2-15)和塑料膜青贮(2-16)。

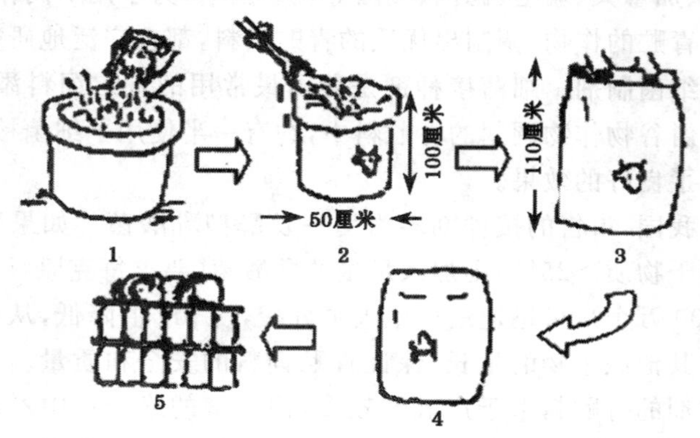

图 2-14 塑料袋青贮制作过程

1. 铡碎玉米秸浸湿 2. 装塑料袋尽量塞紧 3. 折叠封口
4. 翻转、封口朝下垛于地上 5. 盖上木板压上石块

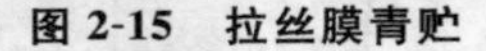

图 2-15　拉丝膜青贮　　　　图 2-16　塑料膜青贮

12. 制作青贮饲料的添加剂有哪些？

目前，全世界使用的青贮饲料添加剂有 200 多种，可以归纳为主要的四大类，即细菌接种剂、酶制剂、非蛋白氮及防腐剂。

(1)细菌接种剂　青贮饲料的发酵过程中起主要作用的是乳酸菌，其主要菌种有乳酸球菌、粪链球菌、乳酸足球菌等乳酸球形菌，及植质乳酸杆菌、干酪乳酸杆菌、短乳杆菌等乳酸杆菌。目前在美国、加拿大、瑞士、德国、英国等发达国家，为了用不同作物（包括难以青贮的作物）调制出优质的青贮饲料，都在广泛地研究和使用各种细菌制剂。细菌接种剂是美国最常用的青贮饲料添加剂。英国在由谷物作物调制的青贮料中，约有一半使用了细菌接种剂，并取得了良好的效果。

在我国，市售的接种剂多为均一发酵型乳酸菌。如果青贮原料中的干物质＞25％，则加入足量的乳酸菌（要求每克原料中含乳酸菌 100 万个），可迅速地产生大量乳酸，使 pH 值降低，从而有效地抑制其他微生物的生长，保证青贮饲料的安全和质量。添加细菌接种剂的青贮料由于产乳酸较多，而发酵的终产物中乙酸和乙醇较少，故而干物质损失可以减少 3％。为了使细菌在青贮料中接种均匀，接种剂应以液体形式使用，一般是先复活，用水悬浮制成菌液，再洒在青贮料中，边装填边洒，原料每 30 厘米 1 层洒 1 次，20 天左右即可开窖使用。

菌种复活及菌液配制方法如下:先把活菌(如活力 99 生酵剂一包 125 克)溶化于 1 000 毫升水中,最好事先在水中加入白糖 10 克。然后,在常温下,让菌液放置 1～2 小时可使菌液复活。复活的菌剂一定要当天用完,不可隔夜使用。配制菌液还需要添加一定的食盐,如把上述 1 000 毫升菌液再混入 4 000 毫升的浓度为 1%的食盐溶液中,配成最终使用的菌液(当然,不一定是 4 000 毫升水,要看青贮料的含水量而定,含水量太高的青贮料,可以少用一点稀释用水)。

影响细菌接种剂使用效果的因素主要有以下几点:①原料种类。通常禾本科牧草的效果要优于豆科牧草,难以青贮作物的效果优于易于青贮作物的效果。在苜蓿和牧草青贮料中使用细菌接种剂的效果最好,而青贮玉米中的效果有限。②原料含糖量。在细菌接种剂的作用下,乳酸形成的多少和强度首先取决于原料中的含糖量,通常细菌接种剂不宜在刚刈割的、含干物质和糖分不多的原料中添加。如青贮新刈割的、含干物质低于 20%、含糖低于 3%的青草,青贮 100 天后可出现继发性丁酸发酵,引起 pH 值和氨态氮升高,导致青贮失败。对于含糖低的青贮料,必要时可以添加淀粉酶、纤维素酶等酶制剂,以降解出较多的糖分来。在我国,若加糖,一般葡萄糖、蔗糖的添加量为 1%～2%,废糖蜜的添加量多为 4%～5%。也可以添加粉碎的玉米面、高粱、大麦等,含水量 80%的青贮料可以添加 10%以上。当然,添加得多,可能在青贮中损失的干物质也多,但效果好,含水量在 70%左右的可添加 5%玉米面之类的淀粉质粮。③细菌剂量和种类。细菌种类和生物活性不同,效果也不一样,严格地说,每种青贮饲料作物应有其专用的接种剂。匈牙利有一种细菌接种剂含有 3 株菌种,特性不一,功能互补,还含有促进菌体活化的物质和促进细胞活力的微量元素,从剂量上说,1 吨新鲜青贮料至少应供给 1 000 亿个活菌数(每克料至少要 10 万个活菌)。④原料的均衡性。制剂的效果还取决于青贮料的切碎程度、压实程度、装填速度、密封性能等。即使乳酸添加剂，也不一定能补偿违反青贮技术规范所导致的损失。

(2) 酶制剂 添加的酶制剂主要是指多种细胞壁的降解酶，如纤维素酶、半纤维素酶、淀粉酶和果胶酶。添加酶的目的是减少青贮料中的纤维含量，以有利于将比较成熟的牧草饲喂给反刍动物。另外，经酶的作用可以降解出更多的糖分供乳酸菌发酵。因酶有助于酸性洗涤纤维和中性洗涤纤维的降解，因而使乳酸发酵、干物质回收率、贮存期和家畜生产性能均有所改善。据试验，在苜蓿、红三叶中添加 0.25%黑曲霉酶，与对照组相比，纤维素减少 12%左右，半纤维素减少 30%左右，果胶减少 33%左右，青贮料的含糖 0.5%；若将酶制剂用量增加到 0.5%，则青贮料含糖可达 2.48%，粗蛋白质提高 28%。在青贮含糖低的豆科牧草时，添加淀粉酶或纤维素酶等酶制剂，即可水解青贮料中的部分多糖，使其转化为单糖，以保证产生足量的乳酸，从而获得品质优良的青贮饲料。

(3) 非蛋白氮(NPN) 氨和尿素是青贮饲料中应用最广泛的营养添加剂，用以提高玉米、高粱和其他禾谷类青贮料质量的添加剂，以增加青贮饲料的粗蛋白质含量，减少需氧微生物的生长。

有的青贮原料中的蛋白质含量并不高，如青贮玉米只有 4.5%的可消化蛋白质，而牛的日粮中则需要 12.5%～15%的可消化蛋白质含量，如在青贮料中每吨添加 5 千克的尿素，就可使氨素营养达到 20%，满足牛的生长发育需要。若添加 0.3%～0.5%尿素与硫酸铵的混合物，则每千克青贮饲料中可增加可消化蛋白质 8～11 克，每吨玉米青贮料使用 25%浓度的氨水 12 升(使用前要稀释 1 倍)，相当于给奶牛饲料补充了 2.5%～3%可消化蛋白质。如果在青贮料中添加乙酸尿素、硝酸尿素、盐酸联氨及甲酸联氨、氯化铵等，既能增加氨素营养又能防病。如在玉米、甜菜及各种草类青贮料中添加 0.5%～0.6%氯化铵，即能起到有益双重作用。此外，硫、磷、钙等无机盐也在青贮料中使用，在玉米青贮料中加入 0.2%～0.3%硫酸钠，因其含有硫元素，可使含硫氨基酸在饲料中的含量增加 2 倍。

(4)防腐添加剂 这是一类以防腐抑菌和改善饲料风味、提高饲料营养价值、减少有害微生物活动的多种用途的添加剂。

①稀硫酸和稀盐酸 为了迅速杀死青贮料中的杂菌，降低 pH 值，使青贮料变软，利于家畜消化吸收，可以在青贮料中添加稀硫酸或稀盐酸，添加的方法是：1 份硫酸或盐酸加 5 份水，变成稀酸（注意：稀释时，必须将酸慢慢倒入水中，并不时搅拌，绝不允许将水倒入酸中，以免发生危险），在 100 千克青贮料中加入 5～7 升的稀酸，青贮料便迅速下沉，易于压实，增加贮量，使青贮作物很快停止呼吸作用（生物氧化作用），从而提高成功率。

②甲酸和乙酸 国外一般多用甲酸（蚁酸）、乙酸（醋酸）或丙酸。如调制高蛋白质青贮料，通过添加甲酸等添加剂，可使蛋白质损失减少到最低程度。加入甲酸制成的青贮饲料颜色鲜绿，有香味，蛋白质损失仅为普通青贮饲料的 2%～3%，胡萝卜素的损失也很少。豆科植物与禾本科草料，添加由 80%甲酸、11%丙酸和 9%乙酸组成的混合液，效果较好。苜蓿等豆科牧草在开花前刈割青贮时，每吨加入 85%～90%浓度的甲酸 2.8～3.5 千克，可以制成高蛋白质青贮饲料。这种添加剂在美国、英国、法国和挪威等国均得到了推广应用。乙酸的用法与甲酸相同。在青贮料中添加相当原料重量 0.5%的甲酸、丙酸混合物（甲酸：乙酸＝30：70），比不添加的青贮料营养价值显著提高，使青贮料中 65%～98%的糖分保存下来，蛋白质分解减少一半以上，干物质损耗下降一半以上，酸度在正常范围内（pH 值 3.4～4.4）。

③甲醛 在美国，每吨青贮饲料中的添加量为 85%浓度的甲醛 3.6 千克。在我国一般是用 37%～40%浓度的甲醛溶液，用量为青贮料重量的 1.5%～3%。英国等地，每吨黑麦草中添加 95%

浓度的甲醛 2.8 千克。运用甲醛能有效地抑制杂菌生长，防止腐败，防止饲料中的蛋白质被细菌分解掉，保存饲料的营养。美国、英国、瑞典等国，还有用甲醛和甲酸混合用于青贮料的，方法是：用相当于青贮料 1.5%甲醛和 1.5%～2%甲酸混合使用，这对于幼嫩的叶片，量大的青贮料效果非常好。用甲醛处理青贮料还有一个作用，就是反刍动物瘤胃中有很多细胞能把饲料中的蛋白质直接分解成氨而被消耗掉，甲醛可以与饲料中的蛋白质相结合，形成不易溶解的络合物，可防止瘤胃微生物对蛋白质的分解，这些络合物下行到真胃和小肠时，即被蛋白消化酶利用，从而增加家畜对蛋白质的吸收利用率。

④苯甲酸及其钠盐　苯甲酸及其钠盐在酸性饲料中，对霉菌的抑菌作用也很好，用量不超过 0.1%。在美国、英国等地，还有用甲酸钙加亚硫酸钠用于青贮的，也可以酌情选用其他一些防霉抑菌剂，如山梨酸及其钾盐，但价格较高。

在使用霉菌抑制剂时，要尽量均匀地喷洒在切碎的青贮原料上，并分层压实，切实密封贮藏。

13. 如何制作尿素青贮饲料？

在一些蛋白质饲料缺乏的地区，制作尿素青贮是一种可行的方法。

尿素青贮制作过程见图 2-17，图 2-18。

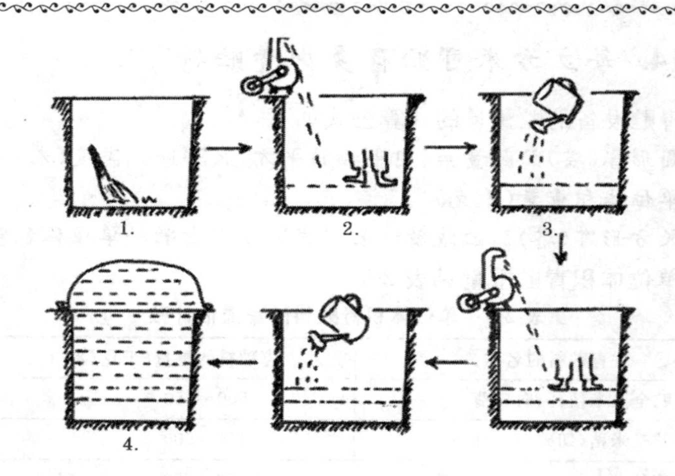

图 2-17　尿素青贮制作过程

1. 清扫窖底。　2. 装料 50～60 厘米踩实。

3. 尿素配成 25%(即 100 升水中,加入 25 千克尿素)的溶液,用微型喷雾器将尿素液喷洒在青贮表面上。每吨青贮玉米秸喷洒 25%的尿素液 20 千克。一边喷洒,一边装窖,要求喷洒均匀。　4. 装料到高出窖 1～1.5 米,用塑料薄膜密封。

图 2-18　喷洒尿素溶液

14. 每立方米可贮存多少青贮料?

青贮设备的贮藏量的计算公式如下:

圆形窖(塔)贮藏量=(内半径的平方)×3.14×高度(米)×青贮料单位体积重量(千克)

长方形窖(塔)的贮藏量=长×宽×高×青贮料单位体积重量

单位体积青贮重量见表 2-5。

表 2-5 单位体积青贮料的重量估计数

青贮料的名称	青贮料的重量(千克/米^3)
青贮全玉米秸秆、向日葵	500~550
青贮玉米秸(切碎,以下同)	450~500
甘薯秧	700~750
萝卜须芜菁叶	600
叶菜类	800
牧草,野草类	600

15. 什么是青贮饲料的二次发酵? 怎样防止二次发酵?

二次发酵是指青贮成功后,由于开窖或密封不严,或青贮袋破损,致使空气侵入青贮设施内,引起好气性微生物活动,分解青贮饲料中的糖、乳酸和乙酸以及蛋白质和氨基酸,并产生热量,使pH 值逐渐升高,导致饲料品质变坏,称二次发酵。引起二次发酵的微生物主要为霉菌和酵母菌。

二次发酵主要是由霉菌和酵母菌的活动引起的,青贮和保存过程中要压实和严格密封防止漏气;饲喂时,青贮窖只能打开一头,要采取分段开窖,分层取,取后要盖好,避免养分流失,也可以喷洒防腐剂,以抑制霉菌和酵母菌的增殖或使用青贮取料机抓取青贮饲料。质量下降或发霉变质,发霉、发黏、黑色、结块的不能用。

防止二次发酵见图 2-19。

图 2-19 防止二次发酵

a. 铲车取青贮造成截面暴露 b. 人工取青贮造成截面暴露

c. TMR 自带青贮抓可防止青贮二次发酵 d. 平整的青贮取料后截面

16. TMR 饲料中青贮饲料的喂量是多少?

青贮料在封窖后 30～40 天即可开窖饲喂，北方地区一般是在 9 月中旬青贮制作完毕，到 10 月中旬即可开窖饲喂。产奶牛喂量为 15～25 千克；育成牛 4.9～20 千克；役牛 10～20 千克；肉牛 10～20 千克；犊牛 5～9 千克。窖容及制作青贮数量见表 2-6。

表 2-6 窖容或制作青贮数量参考

成年牛头数	5	10	20	30	40	50	100	150	200
年需要量(吨)	67.1	134.1	268.3	402.4	536.6	670.7	1341	2012	2682
共需窖容(米^3)	142.7	285.4	570.8	856.2	1141	1427	2854	4281	5708

续表 2-6

成年牛头数		5	10	20	30	40	50	100	150	200
青贮窖宽（米）时需要总窖长（米）	3	15.9	32.0	63.4	95.1					
	4	11.9	24.0	47.6	71.4	95.1				
	5		19.2	38.1	57.1	76.1	95.1			
	6		16.0	31.7	47.6	63.4	79.3	190.3	237.8	317.1
	8		12.0	23.8	35.7	47.6	59.5	118.9	178.4	237.8
	10		19.0	28.6	38.1	47.6	95.1	142.7	190.3	
	12			23.8	31.7	39.6	79.3	118.9	158.6	

注：需要量加5%损耗；窖容重470千克/米^3；成年乳牛当量是6月龄以下犊牛为0.1成年奶牛当量，7月龄至第一胎产犊为0.5成年奶牛当量。

17. 其他青贮饲料原料的制备要求有哪些？

在利用农作物秸秆、藤、蔓、秧青贮时，收割期不影响作物产量的情况下，尽量争取提前收割，应在保留1/2绿色叶片时进行收割，高粱为蜡熟期收割。薯藤、菜秧要避免霜打或长时间晾晒以及堆放过久，以防影响青贮质量。

饲用高粱一般铡切长度为2～3厘米，青草和藤蔓为10～20厘米。

压实密度大于650千克/米^3。

封闭条件，压实后最上层覆盖聚乙烯薄膜，上面再覆盖8～10厘米厚的沙土。

青贮天数不少于21天。

18. 如何对青贮饲料品质进行感官鉴定？

青贮饲料感官鉴定方法见表2-7。

表 2-7　青贮品质感官鉴定表

等　级	颜　色	酸　味	气　味	质　地
优良	黄绿色 绿色	较浓	芳香酸味	柔软湿润、茎叶结构良好
中　等	黄褐色 墨绿色	中　等	芳香味弱、稍有酒精或酪酸味	柔软、水分稍干或稍多、结构变形
低　劣	黑色、褐色	淡	刺鼻腐臭味	黏滑或干燥、粗硬、腐烂

19. TMR饲料中秸秆氨化的方法？

秸秆氨化具有提高有机物消化率和粗蛋白质含量，改善适口性，提高采食量和饲料利用效率，氨还有防止饲料霉坏等优点，常用液氨、氨水、尿素和碳酸氢铵等（图 2-20）。

图 2-20　秸秆氨化方法示意图

a. 地面砌一高 10～15 厘米、宽 2～4 米的槽，长则按制作量而定。

b. 把整捆麦秸用水喷洒，码垛高 2～3 米。

c. 用厚无毒塑料薄膜密封，四周用石块和砂土把塑料薄膜边压紧地面密封，用带孔不锈钢锥管按每隔 2 米插入，接上高压气管，通入氨气。为避免风把塑料薄膜刮掉，每隔 1～1.5 米，用绳子两端各拴 5～10 千克石块，搭在草垛上，把垛压紧。

20. TMR 饲料中如何利用糟渣类饲料？

糟渣类饲料属食品和发酵工业的副产品，主要有啤酒渣、酒精渣、淀粉渣、豆渣、果渣、味精渣、糖渣、白酒渣、酱醋渣等，其特点是含水量高（70%～90%），粗蛋白质、粗脂肪和粗纤维含量各异。糟渣类的新鲜品或脱水干燥品均可作为牛的饲料。近年来，常规饲料有日益紧张之势，价格上涨，使畜牧业的生产成本急剧上涨，利润下降。糟渣类饲料来源广泛，价格低廉，是很好的饲料原料。开发利用糟渣类饲料，可以减轻环境污染，如果不用来作饲料，只有废弃，随雨水、河水流失，造成环境污染，还浪费了蛋白质和能量资源。用其作饲料，变废为宝，容易得到，价格便宜，用其喂牛又能获得良好的生产效果。因此酒糟等广泛用作牛的饲料。酒糟含粗蛋白质 12%～30%，可以用作能量和蛋白质替代饲料，维生素含量丰富。啤酒糟用以喂肉牛，促进肉牛生长，饲喂奶牛，可增加乳汁脂肪含量并提高泌乳量。酱渣含粗蛋白质 23%～33%，粗脂肪含量也较高。玉米粉渣含粗蛋白质 10%～22%，消化能和代谢能值较高，无氮浸出物高达 65%，类胡萝卜素含量极为丰富。豆腐渣粗蛋白质含量 21%～40%，粗脂肪较高，无氮浸出物较低，氨基酸含量比较丰富，赖氨酸可高达 1.44%。药渣粗蛋白质含量较高，为 24.7%～46.7%，粗纤维含量较低，有的药渣含有一定的抗生素效价。

利用糟渣类作饲料的方法：①直接利用。鲜喂和风干喂，是一种经济而简便的方法。②间接利用。一是从啤酒糟中分离废酵母。二是利用沼气发酵。酒糟经沼气发酵后的残余物依然可用作饲料，而且其粗蛋白质、赖氨酸含量经沼气发酵后都有所增加，而粗纤维含量大为降低。三是生产饲料酵母。利用造酒废液和粉渣生产饲料酵母，粗蛋白质在 50%以上，赖氨酸接近 4%。

受糟渣类饲料中某些成分的影响，应用时需注意以下几个问题:①糟渣类饲料不易保存。水分含量高达80%～90%,存放几天之后,有害微生物则利用有机物质进行发酵,致使糟渣品质下降,霉变,不能饲喂。因此,必须及时干燥,或现出现喂。②糟渣类饲料中含有一些限制因子。如豆腐渣中含有胰蛋白酶抑制因子及其他消化酶抑制因子,必须用高温高湿加热法,消除这些抑制因子的作用;酒糟中含有乙醇,醋渣中含乙酸,玉米粉渣中含亚硫酸等,喂时要适量。③糟渣类饲料中营养不全,有的含量过高有的含量低,含量高的成分,要限制喂量,含量低的成分要补足。如酒糟含钙、钠盐较少,钾、磷丰富;酱渣含盐量高达7%;醋渣粗蛋白质低,仅6%～10%,粗纤维25%～30%,缺胡萝卜素和维生素D;粉渣中蛋白质质量欠佳,尤其玉米粉渣,作能量饲料较宜。因此饲喂这类饲料时应根据其营养成分含量和动物的需要量制定配方,配制饲料,特别要注意维生素和微量元素、氨基酸的平衡。④药渣中含有药物有效成分,尤其抗菌素药渣粗蛋白质含量高,而又是发酵产品,含有菌体蛋白,是较好的蛋白质饲料。

21. TMR饲料中酒糟喂量及超量饲喂后果?

酒糟是谷实、薯类经发酵酿酒后的剩余产品。根据其酿制的酒类不同而分为啤酒糟和白酒糟。

啤酒糟:是酿制啤酒的副产物,啤酒糟的营养价值较高,粗蛋白质、粗脂肪含量多,富含维生素,干物质含量较高,但鲜啤酒糟中水分含量较多,高达75%以上。由于在啤酒酿制过程中加入了大量的谷壳类多纤维物质,致使啤酒糟中的粗纤维含量高。据测定,啤酒糟干物质中含粗纤维19.9%、粗蛋白质22%、粗脂肪6.3%、无氮浸出物47.9%。用鲜啤酒糟喂牛,虽然适口性较差,但仍不失为牛的良好粗饲料,与其他饲料搭配饲喂牛,能获得更好的生产效果。啤酒糟喂肉牛既可鲜饲,也可晒干或青贮后饲喂。在喂量上,犊牛和繁殖母牛不宜喂或少喂,每头日喂2～3千克,肥育牛应多喂，每头日喂 25～35 千克。

白酒糟：是酿制白酒的副产物，通常称为酒糟。因酿制的方法和原料不同，其营养价值差异较大。以谷实酿造白酒的酒糟，营养价值较高，含粗蛋白质 20%以上，且能值高，易消化。用薯类酒糟，营养价值相对较低。用白酒糟喂肉牛与其他饲料搭配饲用，既可保鲜饲，也可晒干后饲用。鲜白酒糟喂肥育牛，增膘快，肥育效果好，每头每日可饲喂 30 千克。

不论是啤酒糟还是白酒糟，均有异味，用其喂牛均应逐渐过渡，适应后方能大量饲喂。用白酒糟喂肉牛易发生臌胀病、湿疹、膝部关节红肿等病症。如果饲喂酒糟后患上述病症，应立即停喂，同时在日粮中适当增加干草或优质秸秆适量，以调节消化，缓解病症。长期过量饲喂酒糟，牛易患瘤胃酸中毒、胃肠炎、真胃溃疡等疾病；公牛采食大量酒糟，性欲减退，精液品质下降；母牛长期大量采食酒糟，会影响发情征状表现，出现流产、胎衣不下，所生犊牛失明等病症。因此，最好不用酒糟饲喂种公牛、繁殖母牛和犊牛。在用酒糟饲喂肥育肉牛时，一定要控制喂量，做到日粮的合理搭配。

饲喂白酒糟应注意的问题：①选用新鲜质好的白酒糟来作饲料，最好现取现喂，当天喂完。②酒糟的饲喂量应限制在日粮的 1/3 以下为宜，且必须与粗饲料搭配，粗纤维饲草的饲喂量要大，从而保证牛的正常反刍功能。③酒糟要进行窖贮或袋贮（图 2-21）、夯实、厚积发酵。饲喂时应把表层发霉的臭糟弃之不用，对于堆放时间过长的白酒糟，最好不要饲喂。④在拌料时，可以加 1%石灰水或

图 2-21　袋装贮存酒糟

小苏打来中和酸度。

如饲喂不当会引起中毒，中毒症状急性发病初期，奶牛则兴奋不安、呼吸急促、心跳加快、共济失调；食欲废绝、眼窝凹陷、脉搏微细、步态不稳、四肢无力；回头顾腹、部分腹泻、排出恶臭黏性粪便；继而卧地不起，头、颈、躯体平贴于地，转为抑制状态，眼睑闭合，全身不动。个别牛只有气喘现象。慢性病奶牛表现为顽固性的前胃弛缓，食欲不振、瘤胃蠕动微弱。由于酒糟发酵产生大量的酸性产物在体内蓄积，致使病牛矿物质吸收紊乱而缺钙，造成母牛流产或产后瘫痪，有的甚至屡配不孕。腹泻者脱水，粪便呈黄褐色或黑色，有的病牛因并发蹄叶炎而跛行。

治疗方法：对重症牛可用1%氯化钠溶液或碳酸氢钠溶液反复导胃、洗胃，直至胃液呈中性或弱碱性为止；同时用10%维生素C 50毫升、安钠咖注射液20毫升、25%葡萄糖1 500毫升，每6小时静滴1次；用5%碳酸氢钠溶液300毫升、20%葡萄糖酸钙500～800毫升，一次静脉注射，静注每8小时1次。山梨醇或甘露醇溶液300～500毫升，一次静脉注射。对轻症牛可用硫代硫酸钠0.2毫升8支静注，同时内服人工盐300克，碳酸氢钠120克。对局部出现疹块和出现蹄叶炎的，用2%明矾水或1%高锰酸钾洗刷，皮肤出现瘙痒者用3%石炭酸酒精涂抹。

22. TMR饲料中干草的制作方法有几种？

平铺和小堆晒制相结合、草架阴干法、压裂草茎干燥法、人工干燥法。

(1) 平铺和小堆晒制相结合　暴晒4～5小时使草中水分由85%左右减到40%，细胞呼吸作用迅速停止，减少营养损失（图2-22）。

(2)草架阴干法　搭建草架，慢慢阴干（图2-23）。

比地面自然干燥的营养物质损失减少17%，消化率提高2%，

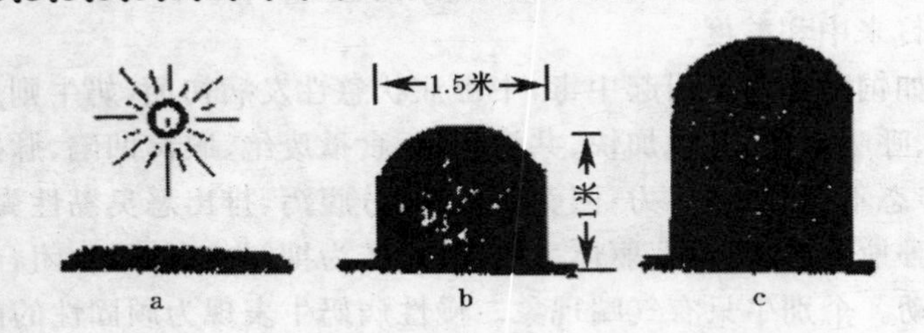

图 2-22 平铺和小堆晒制相结合

a. 太阳暴晒5小时 b. 小堆晒 c. 大堆垛

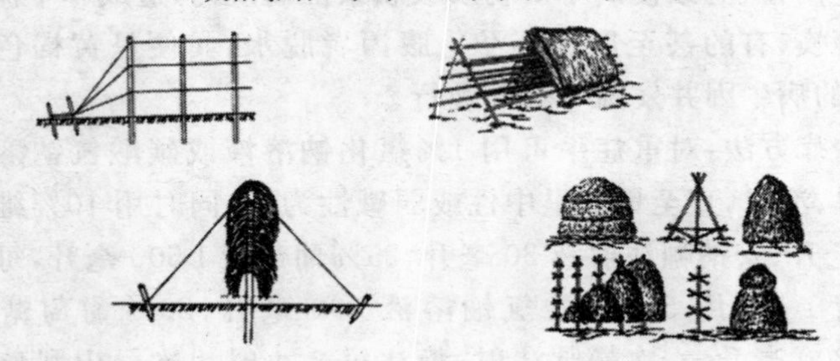

图 2-23 晒制干草的草架

由于色绿、味香、适口性好，牛采食量显著提高。

(3)压裂草茎干燥法 用牧草压扁机把牧草茎秆压裂，可以破坏茎的角质层膜和表皮及维管束，充分暴露在空气中，加快茎内水分散失，可使茎秆的干燥速度和叶片基本一致。良好空气条件下干燥时间可缩短1/3～1/2，适合于豆科牧草和杂草类干草调制。

(4)人工干燥法 主要有常温鼓风干燥法和高温快速干燥法2种。

①常温鼓风干燥法 收割后牧草田间晾到含水量50%左右，放到设有通风道的草棚内，用鼓风机吹风干燥。先将草堆成1.5～2米高，经过3～4天干燥，再堆高1.5～2米，总高不超过4.5～5米，一般每立方米草每小时鼓入300～350米³空气，适用于相对湿度低于75%，温度高于15℃。

②高温快速干燥法　牧草切碎，放烘干机，高温空气使草快速干燥，干燥时间取决于烘干机种类、型号及工作状态，牧草含水量从 80%左右迅速降到 15%以下，烘干机入口温度 7℃～260℃，出口 25℃～160℃。烘干机内温度很高，牧草温度不超过 30℃～35℃。散草、打捆、碎干草、干草贮存时要求的含水量分别为：25%、20%～22%、18%～20%、16%～17%。简单鉴别干草含水量的方法有拧扭法、刮擦法(表 2-8)。

表 2-8　判断干草含水量的方法

干草含水量	判断方法	是否适合堆垛
15%～16%	用手搓揉草束时能沙沙响，并发出嚓嚓声，但叶量丰富低矮的牧草不能发出嚓嚓声。反复折曲草束时茎秆折断。叶片干燥卷曲，茎上表皮用指甲几乎不能剥下	适于堆垛保藏
16%～18%	搓揉草时没有干裂响声，而仅能沙沙响。折曲草束时只有部分植物折断，上部茎秆能留下折曲的痕迹，但茎秆折不断。叶片有时卷曲，上部叶子软。表皮几乎不能剥下	可以堆垛保藏
19%～20%	握紧草束时不能产生清脆声音，但粗黄的牧草有明显干裂响声。干草柔软，易捻成草辫，反复折曲而不断。在拧草辫时挤不出水来，但有潮湿感觉。禾本科草表皮剥不掉。豆科草上部茎的表皮有时能剥掉	堆垛保藏危险
23%～25%	搓揉没有沙沙的响声。折曲草束时，在折曲处有水珠出现，手插入干草里有凉的感觉	不能堆垛保藏

晒制干草要注意安全贮存的含水量：散放为 25%，打捆为 20%～22%，铡碎为 18%～20%，干草块为 16%～17%。防止垛顶塌陷漏雨，尤其堆垛后 2～3 周，防止垛基受潮四周要挖排水沟，防止干草过度干燥与自燃，减少胡萝卜素的损失，准备消防设施，

注意防火。

23. TMR 饲料中常用能量饲料种类及用量?

能量饲料指干物质中粗纤维含量在18%以下,粗蛋白质含量在20%以下,每千克消化能在10.46兆焦以上的饲料。属于精饲料,是牛能量的主要来源,在牛的饲养中占有极其重要的地位。主要包括谷实类及其加工副产品(糠麸类)、块根、块茎类、瓜果类及其他。能量饲料有谷类子实及其加工副产品,如玉米、高粱、大麦及糠麸类饲料等。为了预防疯牛病,牛的日粮不得使用动物性饲料(犊牛喂奶及乳工业副产品除外)。能量饲料可分为以下几种。

(1)谷实类饲料　主要包括玉米、高粱、大麦、小麦等。主要特点是无氮浸出物含量高,一般占干物质的70%～80%,并且主要成分是淀粉,其消化率很高,如玉米无氮浸出物的消化率高达90%左右,每千克干物质消化能的含量高达16.3兆焦。粗纤维含量较低,一般在10%以下,因而适口性好,可利用能量高。粗蛋白质的含量也较低,一般在10%左右,必需氨基酸很不平衡,一般缺少赖氨酸和色氨酸,所以蛋白质的生物学价值低,仅为50%～70%。粗脂肪含量在3.5%左右,且多属不饱和脂肪酸。因此,加工后不易久存,容易酸败。磷多钙少,比例不当。缺乏维生素A和维生素D。

①玉米　玉米被称为“饲料之王”,其特点是含能量高。黄玉米中胡萝卜素含量丰富;蛋白质含量低(8.9%),且品质不佳。缺乏赖氨酸和色氨酸,但过瘤胃值高;钙、磷均少,且比例不合适,是一种养分不平衡的高能饲料。

玉米可大量用于牛的精料补充料中,一般肉牛混合料中用量为40%～50%,并应与蛋白质饲料和容积大的饲料如麸皮、粗饲料搭配使用。成年牛饲以碎玉米,摄取容易且消化率高;体重100～150千克的牛,以喂整粒玉米效果较好。压扁玉米较整粒喂牛效果好，不宜磨成面粉。高赖氨酸玉米对牛效果不甚明显。

②高粱　能量仅次于玉米，蛋白质含量略高于玉米。高粱在牛瘤胃中的降解率低，因含有单宁，适口性差。用量一般为玉米的80%～95%。与玉米配合使用效果增强，可提高饲料的利用率和日增重。要注意高粱喂牛易引起便秘。

③大麦　蛋白质含量高于玉米，品质亦好。赖氨酸、色氨酸和异亮氨酸含量均高于玉米，粗纤维较玉米多，能值低于玉米。主要矿物质是钾和磷，富含 B 族维生素，缺乏维生素 A、维生素 D、维生素 K 及维生素 B_{12}。

(2)糠麸类饲料　糠麸类饲料为谷实类饲料的加工副产品。主要包括小麦麸皮和稻糠，特点是除无氮浸出物含量（40%～62%）较少外，其他各种养分含量均较其原料高。有效能值低，含钙少而磷多，磷多为植酸磷，利用率低；含有丰富的 B 族维生素，尤其是硫胺素、烟酸、胆碱等含量较多，维生素 E 含量较少；物理结构松散，含有适量的纤维素，有轻泻作用；吸水性强，易发霉变质，不易贮存。

①小麦麸　粗纤维含量较高，平均在 10%左右，属于低能饲料。粗蛋白质含量较高，为 13%～16%，总的来说营养价值比较低，但 B 族维生素的含量丰富。麸类含有较多的镁，具有轻泻作用，质地蓬松，适口性较好，母牛产后喂以适量的麦麸粥，可以调养消化道的功能。由于吸水性强，大量干饲易引起便秘，饲喂时应注意。

②稻糠　在碾米过程中，除得到大米外，还得到其副产品——砻糠、米糠及统糠。砻糠即稻壳，坚硬难消化，不能作饲料用。米糠为去壳稻粒（糙米）制成精米时分离出的副产品，由果皮、种皮、糊粉层及胚组成。米糠的有效能值变化较大，随含壳量的增加而降低。粗脂肪含量高，易在微生物及酶的作用下发生酸败。为使米糠便于保存，可经脱脂生产米糠饼。经榨油后的米糠饼脂肪和

维生素减少,其他营养成分基本保留下来。稻壳和米糠的混合物称为统糠,其营养价值介于砻糠和米糠之间,因含壳比例不同而有较大的差异。

(3)块根、块茎及瓜果类饲料 主要包括甘薯、马铃薯、木薯等。从饲用角度来看,具有共同的特点,一般水分含量较高,为75%～90%,单位重量的鲜饲料中营养成分低。按干物质中的营养价值来考虑,属于能量饲料。无氮浸出物含量高,为60%～80%,有效能与谷实类相似,粗纤维和粗蛋白质含量低,分别为5%～10%和3%～10%,且有一定量的非蛋白氮的含氮物质,矿物质及维生素的含量偏低。这类饲料适口性和消化性均好,鲜喂时是牛冬季不可缺少的多汁饲料和胡萝卜素的重要来源,对保证牛健康有重要的作用。这类饲料由于含水量很高,不易贮存,容易发霉或变质。如甘薯易感染黑斑病,染黑斑病的甘薯喂牛会出现中毒现象,发生气喘病,严重时可导致死亡。此外,在给牛喂这类饲料时,应当切成片,以免发生哽咽。

24. TMR 饲料中蛋白质饲料有哪些?

蛋白质饲料是指干物质中粗纤维含量低于18%,粗蛋白质含量在20%以上的饲料。蛋白质饲料主要包括植物性蛋白质饲料、动物性蛋白质饲料、单细胞蛋白质饲料和非蛋白氮饲料。喂牛通常只用植物性蛋白质饲料,主要包括豆类、油料子实及其副产品,如豆饼、棉籽饼、棉仁饼、花生饼等。蛋白质饲料营养作用:①构成机体组织细胞的主要原料。②是机体功能物质的主要成分。③是组织更新修复的主要原料。④可供能,可转化为糖和脂。

25. TMR 饲料中常用蛋白质饲料用量?

(1)大豆饼粕 大豆饼粕是目前使用量最多、使用最广泛的植物性蛋白质饲料。粗蛋白质含量为38%～47%,且品质较好,尤其是赖氨酸含量,是饼粕类饲料最高者,可达2.5%～2.8%,是棉仁饼、菜籽饼及花生饼的1倍。异亮氨酸、色氨酸、苏氨酸的含量均较高。这些均可弥补玉米的不足,因而与玉米搭配组成日粮效果较好,但蛋氨酸不足。矿物质中钙少磷多,总磷的1/2为难以利用的植酸磷。富含铁、锌。维生素A、维生素D含量低。

(2)棉籽饼粕 棉籽饼粕是棉籽榨油后的副产品。由于棉籽脱壳程度及制油方法不同,营养价值差异也很大。完全脱壳的棉仁制成的棉仁饼粕粗蛋白质含量可达40%～44%,与大豆饼粕相似,而由不脱壳的棉籽直接榨油生产出的棉籽饼粕粗纤维含量达16%～20%,粗蛋白质仅为20%～30%。带有一部分棉籽壳的为棉仁(籽)饼粕,其蛋白质含量为34%～36%。棉籽饼粕蛋白质的品质不太理想,精氨酸高达3.6%～3.8%,而赖氨酸仅为1.3%～1.5%,只有大豆饼粕的一半,且赖氨酸的利用率较差。蛋氨酸也不足,约为0.4%,仅为菜籽饼的55%。矿物质中硒含量低,仅为菜籽饼的7%以下。因此,在日粮中使用棉籽饼粕时,要注意添加赖氨酸及蛋氨酸,最好与精氨酸含量最低、蛋氨酸及硒含量较高的菜籽饼粕配合使用。既可缓解赖氨酸、精氨酸的拮抗,又可减少赖氨酸、蛋氨酸及硒的添加量。

棉籽中含有对牛有害的棉酚及环丙烯脂肪酸,尤其是棉酚的危害很大。棉酚主要存在于棉仁色素腺体内,是一种不溶于水而溶于有机溶剂的黄褐色聚酚色素。在制油过程中,大部分棉酚与蛋白质、氨基酸结合为结合棉酚,在消化道内不被吸收,对牛无害。另一部分则以游离的形式存在于饼粕及油制品中,牛如果摄取过量(日喂8千克以上)或食用时间过长,易导致中毒。表现为牛生长缓慢,繁殖性能及生产性能下降,甚至导致死亡。犊牛日粮中一般不超过20%,种公牛日粮不超过30%。在短期强度肥育架子牛日粮中棉籽饼可占精料的60%。为了减少毒性,喂前可在80℃～85℃下加热6～8小时,或发酵5～7天。另外,还可用硫酸亚铁处理，添加硫酸亚铁量，每 100 千克饲料加 1 千克。或者用硫酸亚铁浸泡去毒，做法是将棉饼用 0.05%硫酸亚铁溶液浸泡 1 昼夜即可。

26. 怎样提高 TMR 饲料蛋白质的利用率?

首先应注意饲粮的组成主要是能量和粗纤维含量会影响蛋白质的消化和吸收。因此，在饲喂时应首先满足其对能量需要，然后增加蛋白质的饲喂。日粮中蛋白质的数量种类以及蛋白质中各种氨基酸的配比也影响着蛋白质的利用。日粮中蛋白质品质好，数量适宜，蛋白质的利用率就高；当喂量过多，蛋白质利用率反而降低。食入的蛋白质，其中含有的各种必需氨基酸必须搭配齐全。我们提倡各种饲料搭配使用。因为不同饲料中含有必需氨基酸也不同，蛋白质种类不同。因此可以起到互补作用，从而使饲料蛋白质利用率提高。此外，调制饲料的方法也是影响饲料蛋白质利用率的问题之一。同一种饲料不同的加工、调制方法，蛋白质的消化利用也会受影响。对于饲料进行打浆、碾碎、发酵、青贮等不同加工后饲料的适口性增加，消化率提高。另外，某些饲料如大豆经过热处理后蛋白质利用率也会提高。为了提高蛋白质利用率，还可进行抗氧化剂处理。当然，提高蛋白质利用率还要注意日粮中营养的全价性、氨基酸的平衡性，因此在日粮中应补加少量合成赖氨酸、蛋氨酸，以及各种常、微量矿物质及维生素。还可以添加破坏饲料中的抗营养物质的添加剂，利用过瘤胃蛋白技术，利用非蛋白氮等。利用加热、制粒、包被、甲醛处理等理化手段，使饲料中的蛋白质在瘤胃中的降解率减少，使蛋白质顺利进入后消化道，提高蛋白质的利用率。

27. TMR 饲料在饲喂时为什么要保证饲料中能量与蛋白质的适当比例?

蛋白质供给量高时，多余氨基酸转化为能量，热消耗大，供能不经济。若蛋白质不能满足动物体最低需要时，单纯提高能量供给，不可能改善机体的氮平衡，而且会引起能量代谢水平下降。只有当饲料能量超过最低需要量时，适当增加蛋白质供给才能有利于机体氮平衡的改善。因此，为保证能量利用率的提高和避免饲粮蛋白质的浪费，必须使日粮中能量蛋白质保持合理比例。

28. TMR饲料中脂肪添加量如何掌握？过多添加脂肪是否对瘤胃微生物和钙代谢有影响？

不额外添加脂肪的日粮通常含2%～3%的粗脂肪。如果牛需要更多的能量，可以添加全棉籽、破碎大豆或过瘤胃脂肪（在美国，过瘤胃脂肪更贵）。添加脂肪会降低瘤胃纤维消化率和微生物生长速度，尤其是不饱和油脂。脂肪对瘤胃微生物没有益处。由于脂肪可以结合钙和镁，当日粮添加2%的脂肪时，钙含量应由0.7%提高到0.9%，镁应提高到0.3%～0.35%。

29. TMR饲料中矿物质饲料可分为哪几种？其作用是什么？

矿物质属于无机元素，存在于无机盐（如碳酸钙）或有机化合物中（如某些氨基酸中的硫元素，奶酪即奶蛋白中的磷元素等）。矿物质一般分为常量元素和微量元素两大类。两类的区别只是在于动物需求量相对不同，两者都是维持动物健康必不可少的。常量元素的需求量占日粮干物质的0.2%～0.3%，而微量元素的需求量只占日粮干物质的0.001%～0.05%。体内可储存一些矿物质（如肝脏含铁、骨中含钙等）。但是，体内不储存极易溶于水的矿物质（如钠、钾），日粮中应不断地补充这些元素。在天然饲料中都含有矿物质。矿物质对整个日粮的消化利用起到一定的促进作用。一般情况下，牛若能采食多种饲料，基本上可满足机体健康和正常生存。但对牛来说，光靠天然饲料中所含矿物质是不够的，必须在饲料中补给。

(1)常量元素

①钙　体内 99%的钙存在于骨骼和牙齿中。因此,骨骼不仅是身体的支撑组织也是钙的储蓄库。剩下 1%的钙存在于血液和其他组织中,并发挥重要作用。如血钙调节心跳。泌乳早期由于产奶对钙的需求量突然增加(牛奶中大量的钙与奶酪结合在一起),会引起血钙降低而导致产乳热。如不及时治疗,其结果是心跳减慢以致奶牛不能站立、走动甚至昏迷死亡。静脉注射含钙溶液可使奶牛在几分钟内站起。

钙的另一功能是调节肌肉运动和神经兴奋。随着肌肉和神经内钙浓度的升高,肌肉和神经的兴奋性降低。钙在凝血过程中也发挥重要作用。

钙在奶牛十二指肠中被吸收,其吸收率高低主要取决于下列因素:

一是钙的来源。不同饲料,钙的消化率不同。如苜蓿中钙的消化率是 31%,但以磷酸二钙形式存在的钙其消化率可达 56%。

二是是否有足够的维生素 D。维生素 D 含量不足会抑制钙的吸收。

三是饲料中脂肪含量。饲料中脂肪含量过高,则钙吸收率降低,原因是脂肪和钙结合形成不溶解的皂钙。

四是其他元素过量(如磷、铁、铝和锰)也会抑制钙的吸收。

年幼动物缺钙会发生骨质疏松和骨骼生长畸形,这一症状又叫佝偻病。但佝偻病也可由维生素 D 和磷缺乏造成。过量动员骨钙会引起成年动物钙或磷缺乏并造成骨质脆弱、多孔状骨质和容易发生骨折,这一症状又称为溶骨病或骨软化。

以豆科作物为主的粗饲料饲喂反刍动物,一般来讲可获得足够的钙用以维持生长和一定限度的奶产量。但是,随着奶产量的提高,日粮中高能量精饲料比例也应增加。典型做法是将日粮中的部分粗饲料用精饲料或谷物性饲料来替代。但是,这种类型的饲料以及非豆科饲料通常含钙量低。因而,饲喂这种饲料时应该补充钙。牡蛎壳、石灰石、磷酸二钙和碳酸钙均是奶牛日粮配方中常用的补钙原料。

②磷　身体中 80%的磷存在于骨骼和牙齿中。磷有多种重要作用。例如,参与能量代谢,是遗传物质(DNA)的组成成分,并参与体内脂肪运输。由于磷的功用广泛,磷缺乏没有特定症状。实际上由于磷和钙密切相关,磷缺乏症和钙缺乏症极为相似。一些非特异症状表现为食欲下降、疾病抵抗力降低和繁殖力下降。谷物籽粒及其加工副产品(如糠麸)、植物胚芽以及某些高蛋白质饲料特别是动物性蛋白质饲料都富含磷。动物饲喂大量谷物或植物性蛋白饲料通常需要补充磷。饲喂低质粗饲料时,也需要补充磷,以满足动物的需求,特别是那些产奶动物的营养要求。

③钙、磷关系　奶牛不能像动员钙一样快速地从骨骼中动员磷。然而,动员钙时,一部分磷也同时被动员,因为骨骼中这两种元素是紧密联系在一起的。骨骼中钙与磷的比例为 2.2∶1,牛奶钙磷比为 1.6∶1,由于奶牛不能大量动员骨磷因此缺磷比缺钙更普遍。日粮中的钙磷比应该是 1.5∶1。钙磷比小于 1∶1 或大于 2.5∶1 时,奶牛很易发生产乳热。若日粮富含维生素 D 饲料(即提供足够的日照或补充维生素 D),对钙磷比要求就可相对放宽。很难确定日粮的最适钙磷比,因为不同饲料的钙磷消化率变化极大。通常磷的消化率(>55%)高于钙的消化率(<50%)。磷可以通过唾液重吸收。

④镁　体内大约 50%的镁存在于骨骼中,另一半镁的主要功能是辅助酶活性和促进肌肉收缩。粗饲料中含镁量很低(11%～28%),精饲料含镁量稍微高一些(30%～40%)。

镁缺乏可引起反刍动物青草痉挛症。早春在幼嫩青草的牧场上放牧,很易发生青草痉挛而且通常与低血镁相关。其症状为高度兴奋，不自主地肌肉收缩（肌痉挛）、流涎和磨牙。饲料中补充镁或增加谷物成分可有效地减少这一症状的发生。饲喂大量施加氮、钾化肥的牧草会降低奶牛对镁的利用率。同样，瘤胃内氨过多（主要来自于含高粗蛋白质的幼嫩牧草）会减少镁的吸收。氧化镁常与精饲料混合作为镁添加剂。然而，很难确定日粮中镁的补充量，如果不发生青草痉挛症，那么日粮中一般已含有足够的镁。

⑤盐　钠和氯，盐或氯化钠（NaCl）对反刍动物非常重要，因为大多数植物含钠很低。植物一般储存钾。钠参与体内多种代谢活动：维持体内的水平衡，调节渗透压（细胞膜内外的盐浓度），维持酸碱平衡（细胞某内外的阴阳离子浓度）。钠（Na）含有 1 个阳离子，它是细胞外主要的带正电荷的离子。葡萄糖吸收、氨基酸输送和神经冲动调节等过程中钠也起重要作用。奶牛瘤胃中含大量钠。

按严重性划分，钠缺乏症表现如下：动物舔或咬各种物品，以渴求获得钠盐（这一症状又称异食癖）；无食欲；动物不健壮；憔悴、眼无光泽、皮毛粗糙；奶产量下降或增重减慢；战栗，行动失调，虚弱和心跳不规律，严重者可引起死亡。

奶牛储钠能力很强，只有长期缺钠动物才表现出症状。日粮中补充盐可使奶牛很快从缺钠症状中恢复过来。患乳房炎奶牛所产的牛奶中钠浓度升高。实际应用中常让奶牛自由采食盐块（富含碘的盐），特别是炎热条件下，原因是出汗可大量损失盐。采食过量的盐很少引起疾病，但会加重乳房水肿。对那些易患乳房水肿的奶牛应限制其饲料中的钠含量。

氯化钠中的氯是带 1 个阴离子的元素。它在体内酸碱平衡和体液平衡中也起重要作用。此外，氯还被用于合成真胃分泌的盐酸（HCl）、胰腺和其他肠道分泌物。

⑥钾　钾是奶牛体内第三多的无机元素。钾的重要功能包括参与多种酶反应和影响肌肉活动（特别是心肌）。钾（K）是带正电

荷的元素,主要存在于细胞内。钾对水平衡、酸碱平衡和细胞内外的盐浓度(渗透压)都有影响。

钾缺乏很少发生,钾缺乏的症状不明显,如幼年动物生长缓慢以及饲料摄入量下降,比较典型的症状是四肢灵活性差。因为牧草含钾量比奶牛所需要的钾多得多,故缺钾极为罕见。实际上,幼嫩牧草含钾量可高达其干物质的3%。青草中过量的钾可引起与代谢障碍相关的疾病,如青草痉挛症。但随牧草逐渐成熟,含钾量降低。潮湿地区牧草中的钾还可从成熟的枝叶中丢失。

精饲料含钾量低于奶牛的要求。因此,主要由精饲料构成的日粮含钾量可能不足。应激,特别是热应激条件下,动物对钾的需求量增加,因为出汗可丢失大量的钾。

⑦**硫** 硫是蛋白质及体内其他化合物的重要组成成分。它是蛋氨酸、硫胺素和生物素(维生素 B)的组成成分。动物和植物细胞中氮和硫是紧密相关的。一般来讲,含蛋白质高的饲料含硫也高。因此,蛋白质足够的饲料其含硫量也足够。现在普遍认为饲料的氮硫比(N∶S)应为10∶1。若以干物质计算,日粮粗蛋白含量为13%的饲料其氮含量为2.1%(13/6.25=2.1),含硫量约为0.2%(2.1/10=0.2)。

硫缺乏很少发生。但当全部粗蛋白质中非蛋白氮比例极高时,硫缺乏的发生率也相应升高。因为瘤胃微生物可有效地利用无机硫(如硫酸钠、硫酸镁等)合成蛋氨酸、生物素和硫胺素。这些化合物也可以作为补充硫的添加剂。

日粮中过量的硫会干扰硒和铜的代谢。此外,过量的硫(超过日粮干重0.4%)还可能引起中毒症状(如肌肉抽搐、腹泻、蹒跚等)。饮用含硫的水也可引起上述症状。

(2)微量元素

①**钴** 钴是维生素 B_{12} 的组成成分,因而与红细胞形成有关。若日粮缺乏钴,瘤胃微生物合成的维生素 B_{12} 急剧下降。钴的需求

量很低，只需要 0.1 毫克/千克，即每千克饲料干物质中仅含 0.1 毫克。世界许多地区生产的粗饲料含钴量低于上述指标。放牧条件下钴缺乏很普遍。

确定钴缺乏症的最佳方式是分析血液和肝脏中的维生素 B_{12} 水平。然而，体重下降、生长缓慢、皮毛粗糙、步履蹒跚、贫血和皮肤及体表黏膜（如眼黏膜）苍白也可帮助诊断这一缺乏症。奶牛对钴的耐受力是其需求量的 100 倍，即使饲料的钴含量高出需求量 100 倍也不会引起中毒。最可靠的方法诊断钴缺乏症是观察补充钴（如硫酸钴、碳酸钴）后的效果。口服含钴量高的药片和铁粉可延长其在网瘤胃中滞留的时间，这一方法是消除放牧奶牛钴缺乏症的有效措施。

②铜　铜参与某些酶反应。铜和铁是合成血红蛋白（血液中携带氧的蛋白）所必需的。

铜缺乏症在世界许多地区是很严重的实际问题。铜缺乏可以是缺铜，或是钼和硫过量而引起的。钼和硫对铜吸收产生副作用，这可能是由于在小肠中形成不溶性化合物的缘故。铜缺乏症有如下症状：生长缓慢、奶产量下降；严重腹泻、体重下降、皮毛粗糙；沉郁或发情延迟、胎盘滞留；急性心肌衰竭和突然死亡。

铜缺乏症还有一些特殊的症状：腿骨末端肿胀，特别是蹄关节；关节僵硬导致步履蹒跚（似马式行走）；毛褪色，尤其眼周围的毛褪色后呈灰色；导致佝偻症小牛出生。

硫酸铜、碳酸铜和氧化铜是补充铜的主要无机化合物。铜中毒反应非常独特。奶牛采食过量的铜可大量沉积在肝脏中，而不出现中毒症状。当应激或其他因素诱发下可突然导致肝脏将大量的铜释放到血液中，结果造成红细胞损坏。动物需要分泌大量的胆汁才能将铜排出，因而造成动物黄疸。有时还可导致急性死亡。

奶牛对铜的需求和耐受力很大程度上受钼和硫的影响。有些地区日粮含钼或硫过高，因而奶牛对铜的需求量比正常情况下高

2倍。

③碘　碘的生理作用是参与甲状腺激素的合成,后者又是调节能量代谢的重要激素。

碘缺乏的典型症状是甲状腺肿大,又称甲状腺肿。由于碘主要储存在母体而不是胎儿中,因此畜群缺碘首先在新生犊牛出现。

有些植物特别是十字花科的一些种类,如甘蓝、油菜、芜菁很容易引起缺碘而导致甲状腺肿。碘代谢的另一特征是日粮中大约10%的碘进入牛奶中。这一百分比随奶产量的增加而升高,若牛奶碘浓度低于每升20微克即表明有潜在的碘缺乏。若动物饲料主要来自于缺碘地区,如不补充碘就会引起碘缺乏症。

碘中毒症状是多泪、唾液分泌过多、水样鼻涕、气管阻塞导致咳嗽。

④铁　铁参与细胞呼吸(细胞获取能量的一种方式)和血红蛋白及肌红蛋白(肌肉中富含铁的一种蛋白)的氧运输。

小牛最容易发生铁缺乏症。牛奶中含铁量很低(仅有10毫克/升)。刚出生的小牛其肝脏中的铁可维持2～3个月,因此若只给小牛饲喂2～3个月全奶就有可能发生贫血。有趣的是日粮含铁量接近缺乏临界点时,小肠对铁的吸收率反而比日粮含有适量铁时的吸收率大。

饲料中补充二价铁比补充三价铁更有效。大多数饲料已含有适量的铁,故成年牛铁缺乏非常罕见,除非因寄生虫感染或受伤造成的严重失血(出血)。

⑤锰　奶牛妊娠和分娩时对锰的需求量比平常生长时高。因此锰是维持正常繁殖、避免新生牛骨骼畸形和骨骼正常生长所必需的元素。锰储存于肝脏和肾脏中并参与多种酶反应。

严重锰缺乏在牛身上并不常见。通常粗饲料比精饲料含锰高。若日粮含高比例钙和磷,则对锰的需求量可能增加。

⑥钼　钼在体内含量很低,主要存在于体液和细胞内,它也是

黄嘌呤氧化酶的组成成分。钼缺乏症很少发生，但钼中毒症，特别是某些放牧地区的牛，则是较为严重的问题。钼中毒常发生在高盐碱地区(pH>7)。土壤 pH 值高使得植物更易吸收钼而对铜的吸收下降。牛的钼中毒症与铜缺乏症很相似。腹泻为钼中毒最典型的特征。干饲料含钼量一般比新鲜青草低。

⑦硒　硒是谷胱甘肽过氧化酶的组成成分。这种酶与维生素E配合以维持细胞膜的完整性。硒还可防止小牛白肌病(肌肉营养障碍)。这种病的特征是肌肉萎缩和心脏衰竭。酸性土壤条件下生长的饲料作物最有可能诱发硒缺乏症。硒在十二指肠的吸收率很低，而且钙、砷、钴和硫存在下，硒的吸收率可下降50%。硒主要储存在肝脏和肾脏中。

硒缺乏可影响繁殖性能。饲料中补充硒和维生素E可减少胎盘滞留和子宫炎的发生率。

反刍动物对硒的要求是0.1～0.3毫克/千克饲料。值得注意的是稍微超出一点即可引起中毒，因为牛对硒的最大承受力只有2毫克/千克。黄蓍属和Starleya科的植物通常可积累大量的硒(1 000～3 000毫克/千克)，动物采食这类植物会发生中毒。

急性中毒症状包括：呆滞、垂头耷耳；脉搏快而弱、呼吸困难；腹泻、嗜睡或因呼吸停止而导致死亡。

硒中毒症状：无精神；瘸腿、脚软、角变形、变长，有龟裂；尾部脱毛。

⑧锌　锌是30多种酶的激活剂，这些酶参与遗传物质(DNA)、蛋白质和碳水化合物代谢。锌主要存在于皮肤内(上皮组织)。锌缺乏症主要发生在幼年动物，原因是随年龄增长，动物对锌的需求减少。然而，随年龄增长动物对锌的吸收率也下降。因此成年牛也可能发生锌缺乏症，其特征如下：副皮炎(皮肤呈鱼鳞状)；病变部位主要在颈部、头部和鼻孔周围；伤口愈合困难；角畸形；雄性睾丸生长和精液生成下降。

饲喂缺锌日粮3周，动物就会出现锌缺乏症。但补锌3～4周，病变也会很快消失。

微量元素缺乏症小结表总结了幼年和成年反刍动物缺乏某些微量元素时所表现的症状（表2-9）。生产力丧失（如生长停滞、奶产量下降和繁殖率低）均为非特异症状，而缺乏症常需要根据特异症状来诊断。

表2-9　反刍动物微量元素缺乏症状总结表

	铁		铜		钴		碘		锰		锌		硒	
	A	Y	A	Y	A	Y	A	Y	A	Y	A	Y	A	Y
生长不良		√		√		√		√		√		√		
增生缓慢			√		√				√		√			
牛奶产量下降			√		√		√				√			
食欲不振		√	√	√	√	√	√	√	√	√				
繁殖障碍			√		√		√		√		√			
异食癖（舔墙）			√	√	√	√								
消瘦			√	√	*	*								
贫血		√	√	√	√	√								
腿无棱角			√	√					*	*	√	√		
容易骨折			√	√										
瘸腿			√	√					√	√	√	√		√
心脏病			*	*										
腹泻			√		√	√								
毛脱色			*	*										

续表 2-9

	铁		铜		钴		碘		锰		锌		硒	
	A	Y	A	Y	A	Y	A	Y	A	Y	A	Y	A	Y
毛粗糙			√	√	*	*		√			√	√		
掉毛											*	*		
皮肤易感染							√				*	*		
甲状腺肿							*	*						
蹄壳变形										√	√			
肌肉萎缩														

注:摘自 Alimentation Ruminants INRA 出版,1978 7800 Versailles 法国。

A=成年动物;Y=幼年动物;√=一般症状;*=特殊症状。

30. 影响 TMR 饲料中矿物质的利用因素?

饲料中总矿物质含量与饲料所含能量及蛋白质是否平衡关系不大,饲料中矿物质含量是根据动物所能利用的量来确定的。下列因素均可影响矿物质的利用:

动物品种。年龄和性别。动物健康水平。营养状况:日粮中其他营养成分的平衡。例如,维生素 D 缺乏可减少钙的吸收。元素的化学形式。例如,铁是以 Fe^{2+} 而不是以 Fe^{3+} 形式吸收。其他元素的水平和形式。例如,高水平的硫和锌会减少铜的利用率。饲料加工过程。螯合物的存在。例如,存在于谷物颗粒中的植酸与谷物中的磷酸根结合使其不能被单胃动物所利用。

31. TMR 饲料中添加剂的分类?

为了补充营养物质,提高饲料利用率,保证或改善饲料品质,促进动物生长繁殖,保障动物的健康而加入到饲料中的少量或微量营养性及非营养性物质。

添加剂饲料可分为营养性添加剂、非营养性添加剂。

营养性添加剂：维生素、矿物质、氨基酸。

(1)维生素添加剂 常用的维生素有维生素A，维生素D，维生素E，维生素B_1，维生素B_2，维生素B_6，维生素B_{12}，氯化胆碱，烟酸，泛酸，叶酸，生物素等。

(2)矿物质添加剂 矿物质饲料是补充家畜矿物质需要的饲料，包括人工合成的、天然单一的和多种混合的矿物质饲料，以及配合有载体或赋形剂的痕量、微量、常量元素补充料。

(3)氨基酸添加剂 用于氨基酸添加剂的，主要是植物性饲料中缺乏的必需氨基酸，如蛋氨酸、赖氨酸、苏氨酸、色氨酸和精氨酸。

非营养性添加剂：抗生素、酶制剂、激素类、酸化剂、镇静剂、缓冲剂、防腐剂、调味剂、抗氧化剂。

(4)抗生素添加剂 饲料中加入这类添加剂，目的在于抗病保健。

(5)促生长添加剂 主要是刺激动物生长，提高饲料利用率。这类饲料添加剂有激素、砷制剂、铜制剂。

(6)饲料保护剂 由于脂肪及脂溶性维生素在空气中极易氧化变质(尤其在高温季节)，影响饲养效果。因此，在富含油脂饲料的加工过程中，加入这类添加剂，可防止和减缓氧化作用。常用的抗氧化剂有丁基羟基苯甲醚(BHA)乙氧喹等。

(7)缓冲剂 当饲喂高精料日粮、玉米青贮、糟渣类等饲料时，牛瘤胃内容物酸度增加，应适当添加碳酸氢钠或碳酸氢钾，添加量占混合料的1%。

以上添加剂本身在饲料中不起营养作用，而是起刺激代谢、驱虫、防病等作用，也有部分是对饲料起保护作用。

32. TMR饲料中常用饲料添加剂及用量？

(1)瘤胃素(莫能菌素) 瘤胃素在牛消化道中几乎不吸收，因此，一般不存在组织中残留和向可食性畜产品转移的问题。在对架子牛进行高精料肥育时，应用瘤胃素能增加丙酸的生产，减少饲料中蛋白质在瘤胃的损失。使用剂量和方法为：开始喂的1～7天，每头每天60毫克，8天以后每天每头200～360毫克，最大剂量为每头每天360毫克。瘤胃素能防止腹泻，从而提高饲料转化率。制成预混饲料，瘤胃素每头每天喂预混饲料。由于瘤胃素每头每天喂量少，因此喂前需在饲料中充分拌匀，方法是用饲料预混搅拌机先将瘤胃素与部分饲料搅拌制成预混饲料。喂前根据每头牛的需要量将预混饲料与要喂的饲料充分拌匀后再投喂。饲喂瘤胃素后，肉牛日增重可提高11.2%，饲料转化率提高13.1%。

(2)碳酸氢钠 牛瘤胃的酸性环境对微生物的活动有重要影响，尤其是当变换饲料类型时(如在肥育后期由粗饲料变换为高精料催肥)，可使瘤胃的pH值显著下降而影响瘤胃内微生物的活动，进而影响饲料的转化。研究表明，肉牛饲料中添加碳酸氢钠0.7%后，能使瘤胃的pH值保持在6.2～6.8，符合瘤胃微生物增殖的需要，使瘤胃具有最佳的消化功能，提高9%的采食量、日增重提高10%以上。碳酸氢钠0.067千克、磷酸二氢钾0.033千克，组成缓冲剂，肥育第一期添加量占牛日粮干物质的1%、第二期添加占0.8%，增重可提高15.4%，精料消耗减少13.08%，使消化系统疾病的发病率大为减少。

(3)稀土 为镧系元素及钇、钪共17种元素的总称。在肥育牛的日粮中添加稀土1×10^{-4}、据测定，日增重可提高26.63%、料肉比降低21.30%、饲料转化率提高23.39%。

(4)溴化钠 用0.5克溶于水中后拌精料喂可限制牛的活动，减少能量消耗，增加营养物质在体内沉积。日增重可提高16.4%～17.7%、胴体重、肉重可分别提高8.6%和10.5%。

(5)益生素 益生素是一种有取代或平衡胃肠道内微生态系统中一种或多种菌系作用的微生物制剂，如乳酸杆菌剂、双歧杆菌剂、枯草杆菌剂等，能激发自身菌种的增殖，抑制别种菌系的生产，产生酶、合成B族维生素，提高机体免疫功能，促进食欲，减少胃肠道疾病的发病率，具有催肥作用。添加量一般为牛日粮的0.02%～0.2%。

(6)二氢吡啶 二氢吡啶饲喂肉牛的增重效果比较显著，作用机制主要是它具有抗氧化作用，同时兼有维生素E的作用，它能抑制体内生物膜的氧化，提高生物膜中6-磷酸葡萄糖酶的活性。饲料中添加200毫克/千克二氢吡啶，可以提高日增重7.12%，增加肥育牛对饲料的利用效率。

(7)黄霉素 瘤胃中酶的消化作用受微生物菌群的影响，黄霉素能够有选择地影响特定的瘤胃菌群的生长来干涉瘤胃的代谢过程。有试验报道，对肥育牛使用黄霉素可以促进瘤胃中丙酸和乙酸的合成，降低油酸和甲烷的形成，改进纤维素的消化率。黄霉素促进可分解淀粉和纤维素的微生物，如琥珀酸拟杆菌、溶纤维丁酸弧菌的生长，分解纤维速度提高15%。黄霉素用量小，促生长效果好，能较好地提高饲料转化效率，且在消化道中不被吸收，无残留，是一种很有前途的肉牛高粗纤维日粮的理想添加剂。

(8)脲酶抑制剂 使用脲酶抑制剂可以增加反刍动物对尿素的利用，具有简便易行、成本低、实践中可操作性强的特点，可直接同尿素加入精料中，引起人们的广泛兴趣。

脲酶抑制剂可以调控瘤胃微生物代谢，抑制脲酶活性，减慢尿素的分解速度，提高反刍动物对氮的利用率，增加对纤维的消化吸收，避免氨中毒。

脲酶抑制剂的种类有很多种。20世纪80年代国外已研制出上百种的脲酶抑制剂，但是它们几乎都是应用于土壤学中尿素利用率方面，应用于畜牧生产的极少。曾有许多的化合物用作尿素分解的抑制剂：含硼化合物、尿素衍生物、甲醛、原子量大于等于50的盐、醌和多元酚、抗代谢物、磷酸、含氟化合物、杂环硫醇和其他物质。

尿酶抑制剂能有效地降低瘤胃中氨态氮 NH_3—N 的浓度，使瘤胃中的氨能缓慢持久的释放，为瘤胃微生物能够有效地利用尿素氮合成菌体蛋白提供有利条件，提高动物对粗纤维的降解和利用。常用的脲酶抑制剂有氢醌（添加范围 20～60 毫克/千克）、乙酰氧肟酸（添加范围 20～40 毫克/千克）和硼砂等。

(9)中草药添加剂 中草药饲料添加剂，是以中草药为原料制成的饲料添加剂，虽然有些学者将其归入非营养性饲料添加剂，按国家审批和管理也归入药物类饲料添加剂，然而，由于中药既是药物又是天然产物，含有多种有效成分，基本具有饲料添加剂的所有作用，可作为独立的一类饲料添加剂。中草药添加剂具有如下特点：

①来源天然性 中药来源于动物、植物、矿物及其产品，本身就是地球和生物机体的组成部分，保持了各种成分结构的自然状态和生物活性，同时又经过长期实践检验对人和动物有益无害，并且在应用之前经过科学炮制去除有害部分，保持纯净的天然性。这一特点也为中药饲料添加剂的来源广泛性、经济简便性和安全可靠性奠定了基础。

②功能多样性 中药均具有营养和药物的双重作用。现代研究表明，中药含有多种成分，包括多糖、生物碱、苷类等，少则数种、数十种，多则上百种，按现代“构效关系”理论，其多功能性就显而易见了。中药除含有机体所需的营养成分之外，作为饲料添加剂应用时，是按照我国传统医药理论进行合理组合，使物质作用相协同，并使之产生全方位的协调作用和对机体有利因子的整体调动作用，最终达到提高动物生产的效果。这是化学合成物所不可比拟的。

③安全可靠性 长期以来，化学药品、抗生素和激素的毒副作用和耐药性使医学专家伤透了脑筋，尤其是容易引起动物产品药

物残留，这已成为一个全社会关注的问题。中药的毒副作用小，无耐药性，不宜在肉、蛋、奶等畜产品中产生有害残留，是中药添加剂的一个独特优势，这一优势顺应了时代潮流，满足了人们回归自然、追求绿色食品的愿望。

④经济环保性　抗生素及化学合成类药物添加剂的生产工艺特别复杂，有些生产成本很高，并可能带来“三废”污染。中药源于大自然，除少数人工种植外，大多数为野生，来源广泛，成本低廉。中药饲料添加剂的制备工艺相对简单，生产不污染环境，而且产品本身就是天然有机物，各种化学结构和生物活性稳定，贮运方便，不易变质。

33. TMR 饲料中维生素饲料的作用?

维生素是一类低分子的有机化合物，维生素虽然不能供应能量，一般也不是体组织的构成成分，但大多数是辅酶和辅基的组成成分，起着促进和调节新陈代谢的多方面作用。许多维生素之间还具有相互协同作用。目前已发现有 60 余种维生素，其中有近 10 种是牛所必需的。维生素分为两大类：水溶性维生素（9 种 B 族维生素和维生素 C）有脂溶性维生素（维生素 A、维生素 D_2、维生素 D_3、维生素 E 和维生素 K）。脂溶性维生素存在于饲料的脂肪成分中，在动物体内主要储存在肝脏和脂肪组织中。例如，肝脏中可储存足够动物使用 6 个月或更长时间的脂溶性维生素。相反，动物组织中不储存水溶性维生素，因而，饲料中应不断添加这类维生素。

(1)B 族维生素　B 族维生素复合物包括维生素 B_1（硫胺素）、维生素 B_2（核黄素）、泛酸、烟酸、生物素、胆碱、叶酸、四吡哆醇（维生素 B_6）和维生素 B_{12}。反刍动物瘤胃内的微生物可合成 B 族维生素，因而瘤胃功能健全的反刍动物（6 周以上的小牛）均可合成足够量的 B 族维生素以满足需求。对处于应激状态、生病的动物，或6周以内的小犊牛，应在饲料中添加B族维生素。维生素B_{12}缺乏通常与缺钴相关，这一缺乏症可引起生长障碍。

(2)维生素C 奶牛体内可合成维生素C(抗坏血酸)，不需要在日粮中添加这种维生素。

(3)维生素A 所有动物都需要从外界获取维生素A。植物不含维生素A，但是植物可合成一种化合物称为β-胡萝卜素。1个β-胡萝卜素分子可在动物肠壁或肝脏中转化成2个分子的维生素A。因此植物中的β-胡萝卜素是动物体内维生素A的前身物。因此，β-胡萝卜素又称维生素A前体物。β-胡萝卜素最早是从胡萝卜中提取的，故称胡萝卜素。奶油中的黄色物质也是因为含胡萝卜素的缘故。维生素A的活性是按国际单位计算的。1毫克β-胡萝卜素相当于400国际单位的维生素A。

许多因素都可影响维生素A和β-胡萝卜素的利用。降低或破坏维生素A和β-胡萝卜素功能的因素包括：饲料中的硝酸盐；饲料储存温度过高；饲料在阳光和空气下暴露过长(如晒干草时，50%β-胡萝卜素被破坏)；饲料贮存时间过长(贮存时间超过6个月，会造成干草中75%的β-胡萝卜素丢失)；若贮存时间过长，饲料中脂类会被氧化；日粮中缺乏足够的蛋白质、磷和锌。

维生素A的作用是维持呼吸道、消化道和繁殖道细胞的完整性。维生素A在繁殖、骨骼发育和视觉方面也起重要作用。维生素A缺乏可造成许多组织退化，易受感染。

维生素A缺乏症状如下：感冒和肺炎；腹泻和缺乏食欲；低繁殖率(安静发情发生率高，卵巢囊肿或胚胎死亡等)；妊娠期缩短，并常发生胎盘滞留，死胎，盲眼或其他畸形的小牛；眼睛发炎，夜盲症甚至永久性失明。

正在生长的幼小豆科作物或青草是最好的β-胡萝卜素源。但是，随着植物逐渐成熟其含量越来越低。一般来讲，谷物饲料不含β-胡萝卜素。在应激的状态下如低温环境和生病时，反刍动物对维生素的需求增加。

(4)维生素 D 维生素 D，又称抗佝偻病素。在阳光紫外线照射下，动物皮肤可利用胆固醇(7-脱氢胆固醇)合成维生素 D，因此它又称日照维生素。维生素 D 有 2 种形式：维生素 D_2 和维生素 D_3。维生素 D_2 存在于植物和酵母中，而维生素 D_3 存在于动物组织中。维生素 D_2 和维生素 D_3 的功能和效果相似并可长期保存。

维生素 D 协助肠道吸收和利用钙、磷。维生素 D 还会影响肠道对其他元素如锌、铁、钴和镁的通透性。

维生素 D 缺乏可引起小牛佝偻病和成年动物的溶骨病(或骨软化病)和骨质疏松症。饲养在畜舍内的小牛和成年牛，每天干草采食量不及 5～6 千克时，饲料中应补充维生素 D。可通过测量体内的钙、磷含量来判断动物是否缺乏维生素 D。若维生素 D 缺乏，血钙和血磷首先下降还可引起产后瘫痪。补充维生素 D 可减少产后瘫痪的发生率。

维生素 D 缺乏症按严重程度划分如下：关节肿胀以及骨骼易断；组织变硬、后腿僵直且提起困难、痉挛以及呼吸困难。

通常谷物饲料含维生素 D 极低。牛奶中维生素 D 含量差别极大。在美国，加工牛奶过程中通常用紫外线照射牛奶以提高牛奶中维生素 D 的含量。

(5)维生素 E 维生素 E 存在于细胞膜上。维生素 E 与微量元素硒相协同维持细胞结构的完整性。维生素 E 又称抗氧化维生素。它还参与合成维生素 C 和氨基酸中的硫代谢。有 5 种维生素 E 化合物，都具有活性，这些化合物又称为生育酚，其中 α 生育酚活性最强。红花油、向日葵油和米糠中均含有较高的维生素 E。其他植物油(如大豆油、椰子油、芝麻油)和谷物胚芽(如稻米、小麦)也含有一定量的维生素 E。此外，初乳中含有很高的维生素 E，因此小牛很少发生维生素 E 缺乏症。体内许多器官均可储备大量的维生素 E。但是小牛发生白肌病是因缺乏维生素 E 而引起的。

维生素 E 缺乏症的症状如下：大腿肌肉无力；舌头肌肉功能失调而影响吸奶；不能站立。

成年动物维生素 E 缺乏表现为：牛奶含有氧化味；心衰竭和心肌损伤。

一般情况下，奶牛日粮中已含有足够量的维生素 E。但是，日粮中补充维生素 E(每头每天补充 400～1 000 毫克)可减少牛奶的氧化味，减少亚临床乳房炎，提高免疫能力和繁殖性能。

(6)维生素 K 维生素 K 在血凝过程中起重要作用。绿叶饲料(如新鲜或干饲料)富含维生素 K。瘤胃内也合成大量的维生素 K。正常情况下，维生素 K 缺乏很少发生。但是，发霉的三叶草含有一种毒素(双香豆素或败坏翘摇素)可引起维生素 K 缺乏症。给奶牛口服大量抗生素导致瘤胃内或肠道内的微生物大批死亡从而引起维生素 K 缺乏症，其症状为出血或流血不止。

34. 什么是精料混合料?

主要由能量饲料、蛋白质饲料和矿物质饲料组成，纤维成分含量低(干物质中粗纤维含量小于 18%)、可消化养分含量高的饲料。精料混合料用于补充草料中不足的营养成分。

35. 按照饲料形状分为哪几种饲料?

(1)粉状饲料 是配合饲料的基本型，浓缩饲料、添加剂预混料、精料补充料一般都是粉状饲料。

(2)颗粒饲料 是将配合好的粉状饲料在颗粒机中加蒸汽或用水高压压制而成的颗粒状饲料。它粉尘小、营养全、消化率高，是幼小动物的好饲料。

(3)膨化饲料 由挤压机生产，加工时物料经由高温、高压、高剪切处理，使物料的结构发生变化，使饲料质地疏松，能较长时间地漂浮于水面。

(4)碎粒料 颗粒饲料经破碎机破碎成直径 2～4 毫米大小的碎粒料。适合于幼小动物采食。

(5)块状饲料 为牛、羊放牧时而补充的微量元素及其他矿物质的块状饲料,俗称盐砖。

(6)液体饲料 液体饲料一般是以糖蜜作载体,加入尿素(反刍动物专用)、脂肪、维生素、微量元素以及其他天然原料精制而成,可以针对不同动物需要或集中补充一般饲料所缺乏的养分,其产品主要有高蛋白质、高脂肪等不同类型,适用于饲喂各种动物。

液体饲料具有以下特点:生产中应用"定时释放"制造工艺,饲喂反刍动物时具有缓释功能,可避免引起中毒。混合均匀度高,避免动物挑食,消化吸收快。产品便于运输保管,使用更方便,可添加在配合饲料中制粒,也可加入到青草或于草中青贮,可与氨化饲料或与谷物类及饲草混合饲喂。效益高,用液体饲料肥育肉牛,其生产性能比固体饲料提高 50%～80%;饲喂奶牛,奶牛日产奶量增加 4 千克左右。

36. TMR 饲料中非蛋白氮饲料的利用?

非蛋白氮(NPN)指饲料中蛋白质以外的含氮化合物的总称,又称非蛋白态氮。主要包括一些有机非蛋白氮化合物,例如氨、酰胺、胺、氨基酸和无机氮化合物如铵盐类。如作为非蛋白氮补充饲料的,一般为氨的衍生物、尿素、氨、铵盐及其他合成的简单含氮化合物。饲料用饲料非蛋白氮有:尿素、尿素硝基腐殖酸缩合物、亚异丁基二脲、氯化铵、磷酸脲、缩二脲、磷酸一胺、硬脂酸脲等。尿素的含氮量为 46%,由于其来源广,容易运输和保存,因而是一种常用的反刍动物蛋白质饲料代用品。NPN 对动物不能提供能量,其作用只是供给瘤胃微生物合成蛋白质所需的氮源。豆饼、棉籽饼和菜籽饼等蛋白质饲料含有较高的蛋白质,是牛、羊等其他动物的良好蛋白质来源。这些饲料的成本一般较高,大量饲喂会导致饲料投入增加，因此长期以来，反刍动物营养专家建议使用蛋白质代用品，以降低牛、羊的饲料成本。目前，世界各国大都用 NPN 作为反刍动物蛋白质营养的补充来源，效果显著。

反刍动物可以利用非蛋白氮化合物的原理为反刍动物的瘤胃中生活着大量细菌、原虫和真菌等。瘤胃细菌可以产生脲酶，将尿素分解为二氧化碳和氨，瘤胃细菌可将碳水化合物发酵产生挥发性脂肪酸和酮酸。瘤胃细菌可以利用氨和酮酸合成微生物氨基酸，进而合成微生物蛋白质。这些微生物蛋白质随着瘤胃食糜流入真胃和小肠，被消化吸收。

37. TMR 饲料中带绒全棉籽的添加及喂量？

带绒全棉籽可以提供脂肪（能量来源）、蛋白质（24%）和有效纤维（大约是打包干草的 75%），且价格低廉（取决于市场资源和供货能力）。带绒全棉籽能够增加奶牛咀嚼和反刍时间。由于其中的脂肪释放速度缓慢，避免了对瘤胃微生物的负面影响。可以改善乳脂率和体况得分，但有降低乳蛋白率的风险。带绒全棉籽的最大添加量在荷斯坦牛为 2.0～2.5 千克，娟姗牛为 2.0 千克。

38. 棉籽饼和菜籽饼中各含有哪些毒素？怎样消除？

棉籽饼中含棉酚；菜籽饼中含硫葡萄糖苷、芥子苷。消除办法：加热、浸泡、硫酸亚铁处理、发酵。成年牛急性棉籽饼中毒其实质是瘤胃积食；慢性中毒其实质是维生素 A 缺乏症。患牛急性发作，食欲不振，产奶量剧减，体温正常，有的见神经兴奋不安，运动失去平衡，全身肌肉发抖，黏膜发绀，心音减弱。脉搏增数至 100 次/分钟，前胃弛缓，肠蠕动减弱，便秘，排出带黏液粪便，后期腹泻，脱水，酸中毒。急性者，经 2～3 天，死亡率达 30%左右。慢性者，由于维生素 A 缺乏，症状不明显，仅见消瘦、夜盲症、尿石症；

有的常继发呼吸道炎症以及慢性增生性肝炎和黄疸;妊娠母牛流产;尿呈红色。

39. 生豆饼为什么不能直接饲喂? 怎样处理?

生豆饼,特别是豆粕(溶剂浸提油后的副产品)中含有一些有害物质,如抗胰蛋白酶、脲酶、血球凝集素、皂角苷、致甲状腺肿因子等,其中以抗胰蛋白酶影响最大。但这些有害物质大都不耐热,因此一定要熟喂才能提高其营养价值。一般以加热到100℃~110℃为宜,农村也可用蒸笼加热处理(水沸后再蒸30~50分钟),但加热的温度和时间必须适当控制。加热过度,可使豆饼变性,降低赖氨酸和精氨酸的活性,同时还会使胱氨酸遭到破坏。

40. 在粗饲料质量受限的条件下,豆粕与豆饼的区别在哪?

豆粕和豆饼对瘤胃微生物和动物本身而言都是优质的蛋白质来源。在使用低质的豆科或禾本科粗饲料时,对蛋白质或豆粕的需求量将会更高。豆饼是豆粕经过压榨热处理后的产品(并非用有机溶剂除去油脂),它比豆粕具有更高的过瘤胃蛋白、过瘤胃赖氨酸和5%~6%的油脂(更多的能量)。豆饼中每单位蛋白质的价格要比豆粕贵。

41. TMR饲料中DDGS的利用?

DDGS饲料,是酒糟蛋白质饲料的商品名,即含有可溶固形物的干酒糟。在以玉米为原料发酵制取乙醇过程中,其中的淀粉被转化成乙醇和二氧化碳,其他营养成分如蛋白质、脂肪、纤维等均留在酒糟中。同时由于微生物的作用,酒糟中蛋白质、B族维生素及氨基酸含量均比玉米有所增加,并含有发酵中生成的未知促生长因子。

市场上的玉米酒糟蛋白质饲料产品有两种：一种为 DDG (Distillers Dried Grains)，是将玉米酒糟作简单过滤，滤渣干燥，滤清液排放掉，只对滤渣单独干燥而获得的饲料；另一种为 DDGS (Distillers Dried Grains with Solubles)，是将滤清液干燥浓缩后再与滤渣混合干燥而获得的饲料。后者的能量和营养物质总量均明显高于前者。

由于 DDGS 的蛋白质含量在 26%以上，已成为国内外饲料生产企业广泛应用的一种新型蛋白质饲料原料，在配合饲料中通常用来替代豆粕、鱼粉，并且可以直接饲喂反刍动物。

42. TMR 奶牛场为什么要重视水的作用？

饲料中水分、饮用水、代谢水是动物机体内主要的水来源。水是构成动物体组织器官数量最多的成分，是动物体生命活动、保证健康及发挥生产能力不可缺少的最重要的营养物质。动物体内含水量在 50%～80%。长期饥饿的动物，由于消耗体内脂肪、蛋白质而失去 40%的体重，仍然能够生存，但体内水分失去 10%就会引起代谢紊乱造成疾病；若水分失去 20%，就会导致死亡。

牛在哺乳期如果缺少水，则泌乳量急剧下降。合理供水对放牧的牛十分重要，尤其在冬季，牧草含水量低，需水量增加。牛的需水量(不包括代谢水)常以采食饲料干物质的数量来估计，因为在适宜的温度条件下，采食饲料干物质的数量与需水量之间有高度的相关性。牛每采食 1 千克饲料干物质需水 3～4 升。高产奶牛和使役牛的需水量更多。日产 12 千克的奶牛，日饮水量在 50 升左右；日产奶 40 千克的奶牛，则每日饮水量需增加到 110 升。

在饲喂精、粗饲料时，需水量较多；饲喂青绿多汁饲料时，需水量减少。气温的高低也影响饮水量。一般来讲，夏季气温高，牛需水量大；冬季气温低，需水量少；春、秋两季居中。

43. TMR 饲料的评定指标都有哪些？

(1)饲料添加剂 感官指标(色泽、形态)。主要成分含量。卫生指标(申报产品执行标准中规定的项目)。

(2)添加剂预混合饲料 感官指标(色泽、形态)。水分。混合均匀度。砷(As)含量。铅(Pb)含量。氟(F)含量。营养指标：维生素预混合饲料应至少检测维生素 A、维生素 D、维生素 E、维生素 K_3、维生素 B_1 或维生素 B_2 等 5 项指标；微量元素预混料应至少检测铜、铁、锌、锰等 4 项指标；复合预混合料应检测至少 4 项维生素指标和 2 项微量元素指标。

(3)配合饲料、浓缩饲料、精料补充料 感官指标(色泽、形态)。水分。粗蛋白质。磷(P)含量或钙(Ca)含量。赖氨酸或蛋氨酸含量。砷(As)含量。铅(Pb)含量。氟(F)含量。黄曲霉素 B_1 含量。

44. TMR 水分如何控制？可以加水调节吗？

TMR 的水分包括饲料原料的水分及最终配合好日粮的水分，饲料原料的水分对制作 TMR 配方非常重要，因配方是以干物质为基础制作，饲料原料水分估计偏高就会使所用原料在 TMR 配方中使用偏高，估计偏低就会导致此种原料用量不足。青贮及一些高水分原料必须准确测定，精确水分测定必须有烘箱、天平等仪器，没有条件的牛场，可采取风干方法粗略估计，即取样品，称重后自然风干，风干后再称重，风干好的原料水分含量大约在 12%。日粮的水分含量对挑食影响非常大，日粮越干越容易发生挑食，可以通过加水使日粮的干物质含量从 50%以上降到 43%来控制挑食。同时日粮太过粗糙(尤其是切得比较粗的玉米青贮)也容易发生挑食。少饲勤添也可以有效预防挑食。

配合好的 TMR 水分含量应该在 45%～55%，水分含量偏高会影响奶牛干物质采食量，当发酵饲料的水分含量超过 50%时，饲料水分含量每提高 1%，就会导致日粮干物质采食量减少体重的 0.02%。如果青贮含水量太高、日粮干物质含量低于 40%，那么会影响奶牛干物质采食量。但是这取决于日粮所使用的原料和各种配料的粒度。日粮较干的情况下饲料分层，奶牛有可能挑食，引起酸中毒。当日粮干物质含量高于 60%时，有经验的工作人员可以通过加水调节，使干物质含量达到 43%。水分不足就必须通过加水来调节，加水量一方面通过计算确定，另一方面通过手感来判断，加水量应以精料刚能粘在饲草上为宜。配合好的日粮堆放时间较长时，由于水分的散失，也会出现精粗分层，必须根据具体情况加以预防。

如果 TMR 水分不足，可以添加一些高水分的饲料(如玉米青贮或湿啤酒糟)进行调控；或额外加水进行调节(通常，一次添加 4 升的水，然后观察牛只的反应)。如果 TMR 水分过大，可以添加一些干的饲料原料(如玉米、豆皮、干草、甜菜渣等)进行调节；或者降低湿青贮(湿饲料)的使用量。

45. TMR 干物质含量如何确定？

干物质含量经常需要准确测定以减少各 TMR 混合车饲料之间的差异并确保日粮的平衡。青贮窖中的青贮饲料(尤其是露天青贮窖中的青贮饲料)干物质含量每天变化很大，这与饲喂当天的环境条件、不同的大田中收割以及同一批次收割时不同部位的干物质含量有关。随着含水量的上升，干物质含量就下降，因而应经常对牧场内各种饲料原料的干物质含量进行测试。

每周至少测试 1 次粗料的水分，使用天平和微波炉来测量饲草的水分含量，计算日粮中干物质的含量。如果日粮太干就需要加水，下边就如何计算日粮加水量做了举例说明，假定日粮的干物质含量为 50%，奶牛的干物质采食量为 27.2 千克，那就需要 54.4

千克的TMR；假使日粮的干物质含量为43%，那么TMR就为27.2÷0.43=63.3千克，需要加水量就是63.3－54.4=8.9千克。

尽管精确分析饲草水分离不开天平和微波炉，但是有时需要对饲草水分做快速的判断，下边是宾州的研究人员通过挤压法来快速判断饲草干物质含量的方法：取一把切好的饲草在手中用力握紧，然后松开手观测草团的状态，下面的描述可以粗略估计干物质的含量（表2-10）。

表2-10 TMR含水量感官评定

饲草挤压后的状态	干物质估计含量(%)
液体可以从指缝流出或渗出	16%～20%
饲草成团不散开、手上有湿印	25%～29%
草团慢慢松开，手上没有湿印	30%～39%
手握后饲草不能成团	40%以上

46. 如何监测青贮饲料中的干物质含量？

青贮窖不同部位的青贮饲料中干物质含量经常发生变化，范围一般在5%～10%。如果各种饲料单独饲喂，这一变化问题不大，但是如果用全混合日粮（TMR），则应定期测定青贮饲料的干物质含量，并依此适当调整日粮配方。

表2-11 TMR分组饲喂工作单

	%DM	80	85	90	95	100	105	110	115	120
开花早期苜蓿青贮	45.00	505	535	565	600	630	660	695	725	755
含40%子实的玉米青贮	35.00	650	690	730	770	810	850	890	930	970
玉米子实	88.00	365	390	410	435	455	480	500	525	545
（豆饼44%）	89.00	155	160	170	180	190	200	210	220	230

续表 2-11

	%DM	80	85	90	95	100	105	110	115	120
蛋白添加剂	94.00	29	31	33	34	36	38	40	42	43
钙 23%：磷 18%	97.00	4.7	5.0	5.5	5.5	6.0	6.0	6.5	6.5	7.0
石灰石	99.00	1.8	1.9	2.1	2.2	2.3	2.4	2.5	2.6	2.7
氧化镁	98.00	0.56	0.59	0.62	0.66	0.69	0.73	0.76	0.80	0.83
食盐	99.00	3.7	3.9	4.1	4.4	4.6	4.8	5.0	5.5	5.5
微量元素添加剂	99.00	1.1	1.2	1.2	1.3	1.4	1.4	1.5	1.6	1.6
维生素 ADE 添加剂	98.00	1.1	1.2	1.2	1.3	1.4	1.5	1.5	1.6	1.7
合计		1710	1820	1925	2035	2140	2245	2355	2460	2570
各种饲料的干物质含量变化（≤80% DM）										
苜蓿青贮（早期花期）	35.00	650	690	730	770	810	850	890	930	970
苜蓿青贮（早花期）	40.00	565	600	640	675	710	745	780	815	850
苜蓿青贮（早花期）	45.00	505	535	565	600	630	660	695	725	755
苜蓿青贮（早花期）	50.00	455	480	510	540	565	595	625	650	680
苜蓿青贮（早花期）	55.00	410	440	465	490	515	540	565	595	620
含 40% 子实的玉米青贮	25.00	905	965	1020	1075	1135	1190	1245	1305	1360
含 40% 子实的玉米青贮	30.00	755	805	850	900	945	990	1040	1085	1135
含 40% 子实的玉米青贮	35.00	650	690	730	770	810	850	890	930	970
含 40% 子实的玉米青贮	40.00	565	600	640	675	710	745	780	815	850
含 40% 子实的玉米青贮	45.00	505	535	565	600	630	660	695	725	755

二、TMR 调制技术

表 2-11 列出了目前普遍使用的 Spartan 奶牛日粮评估 TMR 分组饲喂工作单的一部分。工作单的上半部分列出了一定数量的奶牛每一种饲料的数量，举例来说，为 80 头奶牛配制包含 45%干物质的苜蓿青贮 505 千克。

当干物质含量变化时，工作单的下半部分使你有机会调整日粮中潮湿粗料的比例，举例来说，如果苜蓿青贮干物质比例上升到 50%，你就只需为 80 头奶牛配制 455 千克的苜蓿青贮。它们两者的干物质含量是一样的，即干物质比例为 45%的 505 千克苜蓿青贮＝干物质比例为 50%的 455 千克苜蓿青贮。如果苜蓿青贮的干物质比例为 50%，而饲喂者仍然加了 505 千克，则青贮饲料中的干物质数量就过多，将导致日粮的不平衡。

为了在青贮饲料中的干物质比例变化时能够及时调整日粮配方，需要在牧场内定期测定干物质含量，下面是 2 种测定干物质的比较简便的方法：

考斯特作物水分测试(KCT)：KCT 由 1 台加热器/风扇、1 台底部有筛空的样品容器及 1 台简便的弹簧秤组成。测定时，首先加入一定数量的潮湿青贮料，然后烘干至恒定干物质而测定。无须进行计算，因为弹簧秤已根据水分含量和干物质含量自动校正。

加拿大草原农业机械研究院对 KCT 评价很高，认为方法优秀，误差在 3%之内。他们只花了 25 分钟就测出了干草的干物质含量，花了 35 分钟测出了青贮饲料的干物质含量。

微波炉测定：粗料干物质也可用比较便宜的微波炉和 1 台电子秤进行测定。机械秤无法精确到干物质测定所需的单位克。

测定步骤如下：

首先称一下微波炉使用安全的能容纳 100～200 克粗饲料的容器重量，记录重量(WC)。

称 100～200 克粗料(WW)，放置在容器内，样品越大，测定越准确。

在微波炉内，用玻璃杯另放置 200 毫升水，用于吸收额外的能量，以避免样品着火。

把微波炉调到最大挡的 80%～90%，设置 5 分钟，再次称重，并记录重量。

重复第四步，直到 2 次之间的重量相差在 5 克以内。

把微波炉调到最大挡的 30%～40%，设置 1 分钟，再次称重并记录重量。

重复第六步，直到 2 次之间的重量相差在 1 克以内，这是干物质重量(WD)。

计算干物质，公式：

$$DM\% = \frac{WD - WC}{WW - WC} \times 100$$

如果饲料样品不幸着火，应立即关闭微波炉，拔掉电源插头，但在样品没有彻底烧完之前不要打开炉门。

只有当样品具有代表性时，以上 2 种方法才能准确地测定青贮饲料的干物质含量。取决于天气情况，暴露在表面的青贮饲料可在几小时内蒸发大量的水分。

47. TMR 各种原料的养分测定方法？

有必要经常采集牧场内饲料样品并对其营养(化学)和物理特性进行分析以保证 TMR 合理配制，如果对粗料的粗蛋白质低估，则增加了饲料成本，因而多余的蛋白质将以氮的形式通过粪尿排出体外。反之，如果粗料的粗蛋白质高估，则日粮中粗蛋白质就不足，其结果是奶牛的产奶量及牛群经济效益达不到预期水平。

具体指标计算有：

初水分(%)＝欲干燥减重(%)＋[100－欲干燥减重(%)]×风干试样水分(%)

风干试样水分(%)＝(水分重量/样本重量)×100

粗蛋白质(%)=[(v2-v1) C×0.014×6.25]/(mv'/v)×100

式中:v2——试样滴定时所需盐酸标准溶液的体积(ml);v1——空白滴定时所需盐酸标准溶液的体积(ml);C——盐酸标准液的浓度(mol/l);m——试样质量(g);v——试样的分解液总体积(ml);v'——试样的分解液蒸馏用体积(ml)。

粗脂肪(%)=(m1-m2)/m×100

式中:m——风干试样质量;m1——已恒重的测完水分的铝盒+滤纸包质量(g);m2——已恒重的抽提完脂肪的滤纸包+铝盒质量(g)。

粗纤维(%)=(m1-m2)/m×100

式中:m——风干试样质量(g);m1——古氏坩埚及试样残渣质量(g);m2——灼烧后坩埚及试样残渣质量(g)。

粗灰分(%)=(m2-m0)/(m1-m0)×100

式中:m0——已恒重空坩埚质量(g);m1——坩埚加试样质量(g);m2——灰化后坩埚加灰分质量(g)。

无氮浸出物(%)=100%-上述各营养百分含量

钙(%)=(v-v0) C×40/2/m(v1/v2)×100/1000

式中:m——试样质量(g);v——高锰酸钾标准液滴定用体积(ml);v0——空白样高锰酸钾标准液滴定用体积(ml);c——高锰酸钾标准液浓度(mol/l);v1——滴定时移取试样分解液体积(ml);v2——试样分解液定容体积(ml)。

磷(%)=a/m×v/v'×100/1000000

式中:m——风干试样质量(g);v——比色测定时所移取试样分解液的体积(ml);a——由标准曲线查得试样分解含磷量(μg);v'——试样分解液定容体积(ml)。

48. TMR饲料原料样品的抽样采集方法？

饲料是一种十分复杂的混合物。饲料对奶牛生产尤为重要，占动物生产总成本的60%～70%。通过降低饲料成本而又保持其质量，或者提高饲料质量而保持其成本不变，来提高饲料效率将直接提高奶牛生产效率，借助线性规划技术优化最低的成本饲料配方，以便以最低成本生产出含有各种养分的日粮来满足奶牛营养的需要。实验室测定是分析饲料价值的一种重要手段。通过系统分析利用物理、化学或生物手段了解饲料中的各种营养成分，进一步确定饲料中各种营养的利用率。

从待测饲料或产品中取一定数量、具有代表性的作为样品的过程称为采样。将样品经过干燥、磨碎和混合处理，以便进行理化分析的过程称为样品的制备。饲料样品的采集和制备极为重要，决定分析结果的准确性，采样的根本原则是样品必须具有代表性。保证采样准确的条件有：正确的采样方法、熟练的技能、严格的管理。

(1) 样品的采集 样品的采集是饲料分析的第一步，采样的根本目的是通过对样品的理化指标的分析，客观反映受检饲料原料的品质为饲料配方选择原料；选择原料供应商；接受或拒绝某种饲料原料；判断饲料加工程度和生产过程中的质量控制；分析保管贮存条件对原料的影响程度。

所采的样品，必须具有代表性，必须采用正确的采集方法，样品必须有一定的数量，采样人员应有高度责任心和熟练的采样技能。

(2)采样的基本方法

①*几何法* 几何法常用于采集原始样品和大批量的原料。把整个一堆饲料看成一种具有规则的几何体，如长方体、圆柱体、圆锥体等。取样时首先把这个几何体分成若干体积相等部分，这些

部分必须在全体中分布均匀。从这些部分取出体积相等的样品，再把这些体积相等样品混合即得待测样品。

②**四分法** 是指将样品平铺在一张平坦而光滑的方形纸或塑料布、帆布、漆布等上(大小视样品的多少而定)，提起一角，使饲料流向对角，随即提起对角使其流回，如此法，将四角轮流反复提起，使饲料反复移动混合均匀，然后将饲料堆成等厚的正四方体或圆锥体，用药铲、刀子或其他适当器具，在饲料样品方体上划一“十”字，将样品分成4等份，任意弃去对角的2份，将剩余的2份混合，继续按前述方法混合均匀、缩分，直至剩余样品数量与测定所需要的用量相接近时为止。

49. TMR日粮配制方法?

饲料配方的设计，先要根据不同畜禽对各种营养素的需要而制定的饲养标准(营养需要量)，其次要有一个常用饲料的营养成分。饲养标准要求的各项营养素指标都应该在饲料营养成分表中表达出来。

(1) 饲养标准的概念 饲养标准是根据畜牧业生产实践中积累的经验，结合物质能量代谢试验和饲养试验，科学地规定出不同种类、性别、年龄、生理状态、生产目的与水平的家畜，每天每头应给予的能量和各种营养物质的数量，这种为畜禽规定的营养数量，称为饲养标准或称为营养需要量。饲养标准中规定的各种营养物质的需要量，是通过畜禽采食各种饲料来体现的。因此在饲养实践中，必须根据各种饲料的特性、来源、价格及营养物质含量，计算出各种饲料的配合比例，即配制一个平衡全价的日粮，因此饲养标准以表格形式列出畜禽对各种营养物质的需要。为使用方便，畜禽的饲养标准附列家畜用饲料成分及营养价值表。

饲粮配合方法有许多种，如方块法、联立方程式法、矩阵法、试差法、电子计算机法(程序法)。尽管有时各种方法计算有所混淆，但如果做得正确，最后结果都是接近的，即能经济地（最低成本）提供一种理想的比例、合适的营养物质平衡和满足需要量的配方来。但是更重要的，在于获得最大的纯利润（净利）。

例：某场奶牛平均体重 600 千克，日平均产 3.5%乳脂奶 20 千克，试配合其日粮。

(2)试差法日粮配合和步骤

第一步，查奶牛营养需要，如表 2-12。

表 2-12　牛营养需要表

项　目	奶牛能量单位（NND）	可消化粗蛋白质（克）	钙（克）	磷（克）
600 千克体重维持需要	13.73	364	36	27
日产乳脂 3.5%20 千克奶需要	18.6	1040	84	56
合　计	32.33	1404	120	83

第二步，根据当地饲料营养成分含量列出所用饲料的营养成分（表 2-13）。

表 2-13　粗饲料营养成分表（每千克饲料含量）

饲料种类	奶牛能量单位（NND）	可消化粗蛋白质（克）	钙（克）	磷（克）
苜蓿干草	1.54	68	14.3	2.4
玉米青贮	0.25	3	1.0	0.2
豆腐渣	0.31	28	0.5	0.3
玉米	2.35	59	0.2	2.1
麦麸	1.88	97	1.3	5.4
棉籽饼	2.34	153	2.7	8.1
豆饼	2.64	366	3.2	5

第三步，首先计算奶牛食入粗饲料的营养。每天饲喂玉米青贮 25 千克，苜蓿干草 3 千克，豆腐渣 10 千克，可获如表 2-14 营养。

表 2-14　进食粗料的营养成分表

饲料种类	数量（千克）	奶牛能量单位（NND）	可消化粗蛋白质（克）	钙（克）	磷（克）
苜蓿干草	3	×1.54＝4.62	×68＝204	×14.3＝42.9	×2.4＝7.2
玉米青贮	25	×0.25＝6.25	×3＝75	×1.0＝25	×0.2＝5
豆腐渣	10	×0.31＝3.1	×28＝280	×0.5＝5	×0.3＝3
合计		13.97	559	72.9	15.2
与需要比尚缺		－18.36	－845	－47.1	－67.8

第四步，不足营养用精料补充。每千克精料按含 2.4 能量单位（NND）计算，补充精料量应为：18.36/2.4＝7.65。

如饲喂玉米 4 千克、麸皮 2 千克、棉籽饼 2 千克，其精料营养见表 2-15。

表 2-15　精料营养成分表

饲料种类	数量（千克）	能量单位（NND）	可消化粗蛋白质（克）	钙（克）	磷（克）
玉米	4	×2.53＝9.4	×59＝236	×0.2＝0.8	×2.1＝8.4
麦麸	2	×1.88＝3.76	×97＝194	×1.3＝2.6	×5.4＝10.8
棉籽粕	2	×2.34＝4.68	×153＝306	×2.7＝5.4	×8.1＝16.2
合计		17.84	736	8.8	35.4
粗料营养		13.97	559	72.9	15.2
精粗料					
营养合计		31.81	1295	81.7	50.6
与营养需要比		－0.52	－109	－38.3	－32.4

第五步，补充能量、可消化粗蛋白质。加豆饼 0.3 千克（NND＝0.3×2.64＝0.729，DCP＝0.3×366＝109.8 克，钙＝0.3×3.2＝0.96 克，磷＝0.3×5＝1.5 克），则能量单位为 32.6，粗蛋白质为 1404.8 克，钙为 82.66 克，磷为 52.1。

第六步，补充矿物质。尚缺钙 37.34 克，磷 3.9 克，补磷酸钙 0.20 千克，可获得平衡日粮。

见表 2-16，表 2-17。

表 2-16　体重 600 千克日产 3.5％乳脂奶 20 千克日粮结构表

饲料种类	进食量（千克）	能量单位（NND）	可消化粗蛋白质（克）	钙（克）	磷（克）	占日粮（％）	占精料（％）
苜蓿干草	3	4.62	204	42.9	7.2	6.4	
玉米青贮	25	6.25	75	25.0	5.0	53.7	
豆腐渣	10	3.1	280	5.0	3.0	21.5	
玉　米	4	9.4	236	0.8	8.4	8.6	48.2
麦　麸	2	3.76	194	2.6	10.8	4.3	24.1
棉籽饼	2	4.68	306	5.4	16.2	4.3	24.1
豆　饼	0.3	0.79	109.8	0.96	1.5	0.6	3.5
磷酸钙	0.2			55.82	28.76	0.4	
合　计	46.5	32.6	1404.8	138.48	80.86	100	99.9

表 2-17　饲料日粮中干物质和粗纤维含量　（单位：千克）

项　目	苜蓿干草	玉米青贮	豆腐渣	玉　米	麦　麸	棉籽饼	豆　饼	磷酸钙	合计
干物质	3	6.25	1	4	2	2	0.3	0.2	18.75
粗纤维	0.87	1.9	0.191	0.052	0.184	0.214	0.017		3.428

(3)方块法日粮配合和步骤

例:要用含蛋白质8%的玉米和含蛋白质44%的豆饼,配合成含蛋白质14%的混合料,两种饲料各需要多少?

配法如下:先在方块左边上、下角分别写上玉米的蛋白质含量8%、豆饼的蛋白质含量44%。中间写上所要得到的混合料的蛋白质含量14%。然后分别计算左边上、下角的数,与中间数值之差,所得的相差值写在斜对角上,44－14＝30为玉米的使用量比份,14－8＝6为豆饼的使用量比份。两种饲料配比份之和为36(30＋6),混合料中玉米的使用量应该是30/36,换算成百分数为83.3%,豆饼的用量是6/36,即16.7。当需要配制4 000千克混合料时,用83.3%×4 000＝3332千克,用16.7%×4 000＝668千克,分别算出所需要玉米和豆饼的千克数。

日粮中维生素和无机盐的平衡:以往认为奶牛很少缺乏维生素,然而近年来实践证明,补饲维生素A以及烟酸等,对于泌乳牛的健康和生产都是很有益的。维生素A缺乏会导致受孕率低、犊牛软弱或死亡,假如奶牛没有得到质量好的粗料,可以每头每天补喂3万～6万单位维生素A,如用注射剂,则用1万～2万单位,在产犊前2周的干奶期注射,或用胡萝卜素,在产犊后至再受孕之前这段期间饲喂,每头每天喂300毫克。烟酸能帮助提高泌乳水平,预防酮血症,每头每天可喂3～6克。

根据牛场实际情况,考虑泌乳阶段、产量、胎次、体况、饲料资源特点等因素合理制作配方。考虑各牛群的大小,每一个牛群有各自的TMR饲料。配方可参考如下。

产奶低于20千克TMR配方(%):玉米15.00、麸皮3.60、豆粕2.30、棉粕3.30、菜粕2.00、花生粕2.00、磷酸氢钙0.30、石粉0.70、小苏打0.50、食盐0.30、专用预混料0.30、苜蓿干草7.60、谷草7.60、玉米青贮54.50。

产奶高于20千克TMR配方(%):玉米20.00、麸皮4.00、豆粕 3.50、棉粕 3.10、菜粕 2.10、花生粕 2.00、磷酸氢钙 0.35、石粉 0.70、小苏打 0.55、食盐 0.35、专用预混料 0.35、苜蓿干草 8.50、谷草 8.50、玉米青贮 46.00。

50. TMR 饲料营养含量要求？

为了保证 TMR 的营养平衡性，配制 TMR 要以营养浓度为基础（表 2-18），这就要求各原料组分必须计量准确，充分混合，并且防止精粗饲料组分在混合、运输或饲喂过程中分离。

表 2-18　奶牛 TMR 日粮中营养成分推荐量（干物质基础上）

奶牛体重（千克）	体脂肪含量（%）	体增重（千克/天）	泌乳奶牛日粮						干奶期
			奶产量（千克/天）					泌乳早期	
500	4.5	0.275	8	17	25	33	41	0～3周	
600	4.0	0.330	10	20	40	50			
700	3.5	0.385	12	24	36	48	60		
能　量									
泌乳净能（兆卡/千克）			1.42	1.52	1.62	1.72	1.72	1.67	1.25
可消化总养分（占干物质%）			63	67	71	75	75	73	66
蛋白当量									
粗蛋白质（%）			12	15	16	17	18		
食入非降解蛋白质（%）			4.4	5.2	5.7	5.9			
食入降解蛋白（%）			7.8	8.7	9.6	10.3			

51. TMR 饲料混合填料顺序及注意事项？

科学的 TMR 饲料加工技术包括：饲料的加入顺序、颗粒的大小、混合时间和加水量等多方面内容。混合机加料次序没有一个统一标准，理想的加料次序应考虑混合机型号及饲料品种。如果混合机主要用于切割干草，则加料时混合机必须处在开机状态，且干草往往接近最初时加入，否则大多数混合机都可在加料加到 3/4 时才开机。TMR 的添加顺序基本原则：遵循先干后湿，先粗后精，先轻后重的原则；添加顺序为先加入长的干草→青贮→精料→啤酒糟等辅料→加水或糖蜜。混合好的 TMR 饲料见图 2-24。

图 2-24 混合好的 TMR 饲料

TMR 饲料的搅拌时间，一般情况下，最后一种饲料加入后搅拌 5～8 分钟即可，若是搅拌时间过长，或混合了水分超过 15%的干草，应铡短后再混合。如果是立式饲料搅拌车应将精料和干草添加顺序颠倒。过度混合既浪费时间，又浪费能量(燃料或电力)，缩短机器寿命。且由于缩小了饲料颗粒而影响奶牛生产性能。TMR 填料顺序参考表 2-19。

表 2-19 TMR 饲料填料顺序

单个垂直混合机	卷筒式混合机	由 4 个搅拌器组成的混合机
青贮或干草首先装料	首先加入液态饲料	量少的料中间加入
混合 3～4 分钟以切短干草	然后装量少的饲料	切短的干草最后加入
装料时开机	装料时混合机缓慢开机	装料时混合机间断性开机混合 2～8 分钟
混合并切割 8～12 分钟	料装好后混合 3～4 分钟	

52. 影响奶牛采食的因素有哪些？

(1)牛个体的因素 牛体重越大，干物质采食量也越大 。

(2)年龄与食欲 正在生长发育的幼畜其单位体重干物质采食量比老年家畜大。产奶高峰一般发生在产后 4～8 周，而最大干物质采食量一般发生在产后的 10～14 周；在产奶中期和后期，随着干物质进食量的增加，产奶量经过一段时间以后开始下降，体重从不变到逐步增加，幅度也升高 。

(3)品种不同也有差别 肥育牛从膘情差到满膘情的过程中采食量逐渐减少。

(4)饲料因素 饲料的种类、适口性、加工程度及消化性均影响采食量 。

(5)管理因素 自由采食与定时采食，饲喂的总有效时间，单槽与合槽饲喂，饮水是否充足等均影响采食量 。

(6)环境因素 气温过高或过低均减少采食量，以适宜温度区采食量最大。

53. TMR 饲喂为什么要使用分组饲喂方法?

奶牛分群技术是实现 TMR 饲喂工艺的核心，理论上讲，牛群划分得越细越有利于奶牛生产性能的发挥。但是在实践中我们必须考虑操作的便利性，牛群分得太多就会增加管理及饲料配制的难度、增加奶牛频繁转群所产生的应激，划分跨度太大就会使高产牛的生产性能受到抑制、低产牛营养供过于求造成浪费。我们可以因地制宜地组织安排适合的奶牛分群方案，分群的数目视牛群的大小和现有的设施设备而定。除了犊牛(0～3 月龄)、犊牛群(3～6 月龄)、育成牛群(7～12 月龄)、青年牛群(13 月龄至产前)，分群饲养。产奶牛的分群更为繁琐和重要。产奶牛的分群方案如下：

第一种方案，分 2 群，即将泌乳牛和干奶牛分开。适用于牛场规模 300 头以下奶牛生产力比较平均的小型奶牛场。因为牛群中低产牛和高产牛产奶量之间的差别一般不会超过 15%。

第二种方案，分 4 个组群，即高产群、中产群、低产群和干奶群。适用于 500 头左右的中型奶牛场，此类型奶牛场一般设施建设较齐全，奶牛生产性能层次也较分明。

第三种方案，分6个组群，即新产牛群，高产成年泌乳牛群，高产头胎牛群，体况异常牛群，干奶前期和干奶后期牛群。适用于500头以上的大、中型奶牛场。具体分群如下：

①新产牛群　分娩后1～2周或分娩后食欲尚未恢复的新产牛及患病牛。该牛群不能拥挤，饲槽应充足，以减少抢食和应激。

②高产成年泌乳牛群　饲喂高产TMR。

③高产头胎牛群　该牛群胆子小，少吃多餐，采食持续时间短，在同一产奶水平下头胎牛干物采食量比成年乳牛低15%～20%，因此需要单独的TMR饲料配方。

④体况异常牛群　由瘦牛、肥牛及因繁殖障碍导致泌乳期过长的牛组成。

⑤干奶前期牛群（干奶期头30～45天）　依体况可饲喂2种TMR日粮，即干奶体况＞3.75（5分制，1分最瘦，5分最肥）只饲喂维持型TMR；体况＜3.75则饲喂增重型TMR。

⑥干奶后期牛群（分娩前14～21天）　可逐步饲喂泌乳型TMR。

54. TMR分组技巧及牛只转群时间？

分组饲喂很自然地注重产奶量的高低，但体膘膘度、年龄和妊娠阶段也应加以考虑。分群前要进行摸底，测定每头牛的产奶量、查看每头牛的产奶时间、评估奶牛的膘情。首先根据产奶量粗略划分，然后进行个别调整，刚产的牛（产后1月内）即使产奶量不高，因其处在升奶期，尽可能将其分在临近的高产群；偏瘦的牛为了有效恢复膘情也要上调一级。为了尽可能满足高产奶牛的营养需要，有必要对组内的产奶量适当加以调整，经过调整以后的产量应该是目标产奶量。这一因素随着组的数量和每一组内奶牛的分布情况的不同而不同。举例来说，一组TMR配制时应在实际产奶量加30%，二组TMR配制时应在实际产奶量加20%，三组

TMR 配制时应在实际产奶量加 10%。以这种产量为目标而配制的日粮将能满足泌乳早期奶牛的营养需要，并能使泌乳后期的奶牛恢复体膘。

为头胎奶牛单独配制日粮，由于减少了奶牛间的竞争，从而提高了奶牛的干物质采食量(DMI)和产奶量。在大型奶牛场，空怀奶牛单独分组饲喂有利于牧场管理。每一组内的奶牛其产奶量差异不应超过 10 千克。如果奶牛年单产超过 9 000 千克，则可考虑配制一种 TMR 日粮。各小组间的营养浓度差异不应超过 15%，以避免奶牛消化不良。

当对 TMR 饲喂小组进行改变时，每次转群的奶牛越多越好，并且最好在晚上转群，因为晚上活动较少，晚上转群能减少应激。

55. TMR 投喂方法及投喂时间？

使用 TMR 饲料车自动投喂(图 2-25)。在混合完饲料后，牵引式 TMR 饲料车可以直接开入符合标准的牛舍进行饲料投喂。投喂时 TMR 饲料车缓慢匀速开入牛舍，进行一侧饲槽投喂。投喂后饲料 20 厘米左右宽度，5 厘米左右厚度均匀地平铺在饲槽上。

图 2-25 TMR 车投喂饲料

人工饲喂，将加工好的全混合日粮转运至牛舍，由人工进行饲喂，但应尽量减少转运次数。

保证每头牛有 46～76 厘米长的饲槽长度。

用草料车分发时一定要混匀、摊平；并定时观察饲料分层及料脚情况。

每天对饲槽中饲料翻搅 2～ 3 次。

要保证饲槽中每天有 21～22 小时不断料，同时，控制剩料量不超过 5 ％～ 10％ 。

更换料应有 7～10 天过渡，逐步替换原有饲料。

在奶牛需要采食时，挤奶后饲喂最为有效，但是有些农场采取 1 天添加 1 次日粮的饲喂方式，在有足够采食通道的情况下这种方案也是可行的。根据实际生产情况一般建议每日投喂 2～3 次。少饲勤添可以有效提高干物质采食量，但大大提高了劳动强度，不适合 TMR 饲喂。

56. 更换 TMR 饲料为什么要经过 7～10 天过渡期？

牛的 4 个胃中，真胃能分泌消化液，其余 3 个胃，胃壁没有消化腺，也不具备消化酶，饲草料依赖微生物（食物酶是微生物产生，胃本身无消化腺）进行分解。瘤胃微生物主要是大量的细菌、厌氧真菌、原虫等。而且长期饲喂同一种饲草料，瘤胃微生物会形成一个稳定的环境。若突然变换精饲料、青贮、酒糟、豆腐渣等饲料，瘤胃内环境发生改变，使微生物结构紊乱，导致消化紊乱，饲料利用率下降、奶牛腹泻、产奶量下降等后果，严重时引发瘤胃臌胀等疾病。其次，牛的肠道长，牛食入饲草料需经 7～8 天才能全部排尽。因此，奶牛在更换饲料时应有 7～10 天的过渡期。

(1)过渡期的控制 从理论上来说，过渡时间越长，对牛影响程度越小，但时间过长在实际应用中耗时耗力，既不方便也不利于饲料的管理。因此，根据牛的适应能力及操作的方便程度，一般过渡 10 天左右。

(2)饲料过渡不当的症状 如果不过渡或过渡太快，表现有食欲减少或不吃、肠胃蠕动减弱、反刍（倒嚼）减弱或停止、粪便变稀、伴有恶臭味、左侧腹部突起，易引发其他消化道疾病，产奶量骤然下降。如果发生上述症状,可灌服白酒或食醋适量,以刺激瘤胃的正常蠕动。症状严重时请紧急与当地兽医联系。

(3)牛饲料过渡方案 见表2-20。

表2-20 牛饲料过渡方案表

用料天数	第一天	第二天	第三天	第四天	第五天	第六天	第七天	第八天	第九天	第十天
原用料量	90%	80%	70%	60%	50%	40%	30%	20%	10%	0%
新用料量	10%	20%	30%	40%	50%	60%	70%	80%	90%	100%

57. 实配TMR饲料营养含量为什么与配方营养含量有差异?

营养师根据奶牛营养需要和饲料营养价值,进行配制TMR饲料。但是由于不同批次饲料营养含量有一定差异,配制饲料时称重的准确性、微量添加剂配制时有损失和饲料的混合均匀度等原因,实配TMR饲料营养含量与配方营养含量有一定的差异。应定期对TMR饲料样品进行完整测试,理想的话,TMR样品测试数据应接近"纸上"配方。实配TMR饲料营养含量与配方营养含量允许的差异范围见表2-21。

表2-21 日粮变化范围

养分	"纸上配制"日粮变化范围
干物质(DM)	±3%
粗蛋白质(CP)	±1%
酸性洗涤纤维(ADF)	±2%

58. 饲喂TMR饲料前为什么不能用水焖饲料?

夏日焖料易使饲料发霉、变质,引起母牛消化不良、腹泻、流产等；此外焖料会使维生素的生物学效价降低；使一些饼类饲料、添加剂的适口性降低；加大饲养员的工作量；降低饲料的饲喂效果，因此应提倡用干料喂牛。

59. TMR 饲料颗粒多大为宜？

采集几个样品并对颗粒大小分布进行分析，如果 5%～10% 的 TMR 料由 2 厘米以上的颗粒组成，则这样的颗粒分布最有利于刺激奶牛的咀嚼，没有必要把饲料颗粒打得更小，否则不利于奶牛瘤胃的健康，会产生产奶量下降，牛奶的脂肪：蛋白比例颠倒，持续排稀粪，缺乏反刍，盐或缓冲物的自由采食量增加，吃褥草或木头，干物质采食量不稳定，泌乳后期的真胃移位，拒食，跛行等症状。如果饲料颗粒比建议的要小，则应对装料程序和混合时间重新加以评估。搅拌时间的控制原则：确保搅拌后 TMR 中至少有 12%～20%的粗饲料长度大于 3.5 厘米。建议使用宾州筛进行 TMR 饲料分离并评价颗粒大小。美国宾夕法尼亚州立大学的研究者发明了一种简便的，可在牛场用来估计日粮组分粒度大小的专用筛(图 2-26)。这一专用筛由 2 个叠加式的筛子和底盘组成。上面的筛子的孔径是 1.9 厘米，下面的筛子的孔径是 0.79 厘米，最下面是底盘。这 2 层筛子不是用薄铁片，而是用粗糙的塑料做成的，这样，使长的颗粒不至于斜着滑过筛孔。具体使用步骤：奶牛未采食前从日粮中随机取样，放在上部的筛子上，然后水平摇动两分钟，直到只有长的颗粒留在上面的筛子上，再也没有颗粒通过筛子。这样，日粮被筛分成粗、中、细 3 部分，分别对这 3 部分称重，计算它们在日粮中所占的比例。表 2-22 为美国宾州大学针对 TMR 日粮的粒度推荐值。

图 2-26　宾州筛分离饲料

表 2-22　TMR 日粮的粒度推荐值

饲料种类	一层(%)	二层(%)	三层(%)	四层(%)
泌乳牛 TMR	15～18	20～25	40～45	15～20
后备牛 TMR	40～50	18～20	25～28	2～17
干奶牛 TMR	50～55	15～20	20～25	1～15

60. TMR 饲料在加工贮存供应过程中的注意事项有哪些？

每次加工的精料，应在 1 周内喂完；禁止饲喂霉烂变质、冰冻、被农药或黄曲霉毒素污染的饲料；除去饲料中的金属异物和泥沙；可根据粗饲料、辅料质量情况，适当增减配合料的用量；切勿用水焖料；加强饲料库贮存管理，防火防盗。

61. TMR 质量监控需要注意什么？

(1)问题　使用 TMR 饲养可能出现如下问题。

①搅拌。混料时间过长，结果造成各种成分分离(特别是干饲

料)、精饲料被粉碎过细。

②全日粮中水分含量过高(>50%)或过低,导致各种成分的干物质配合比例达不到要求。特别是粗饲料给量过少,粗纤维素采食不足。为了解决这一问题,允许在全日粮以外,每日每头牛加喂干草 2.3 千克。

③添加剂给量不合适,往往给量过多。

(2)措施 为了更科学配制 TMR 饲料,满足奶牛的营养需要。要对 TMR 饲料进行质量监控。

①外观评价。精粗饲料混合均匀,有较多精料附着在粗料的表面,新鲜不发热、松散不分离,色泽均匀,无异味,柔软不结块。

②各种成分称量是否准确。

③TMR 饲料搅拌车内各种饲料的搅拌均匀性。

④各批次饲料搅拌均匀度的一致性。

⑤颗粒密度和大小的分布。典型的密度为每立方米 272 ~258 千克。为达此标准混合机的装满度要控制在 70% 。

⑥水分要求。最佳含水量 45%~55%。

⑦质量要求。混合均匀,无杂物,水分适宜,营养含量满足牛只需要。

(3)质量监测方式和步骤

①调整衡器的精确度(如电子秤)达万分之五以上。

②用微波炉快速、准确测定饲料原料的含水量。

③有条件的饲养场可以定期测定每批饲料的养分给量。

④进行实验室分析,分别检验以下几项指标的变异程度(即背离允许差异范围的程度)。养分指标“纸上配方”和实际测量的允许差异范围。

⑤检查颗粒大小 5%~10%的 TMR 料要由大于 2 厘米直径的颗粒组成。

⑥检测密度和颗粒分布。检测时以塑料薄膜代表粗饲料,以

糖粒代表精饲料。每立方米放 353 片(粒),混合 4～5 分钟以后检查密度和分布均匀度。

⑦检测水分含量。如上所述,用微波炉检测。要求 TMR 含水量保持在 45%(春、秋、冬)～55%(夏)。

62. 提高 TMR 日粮的能量浓度应注意什么?

加大日粮中精饲料所占的比例,降低粗饲料所占的比例,以此来提高日粮的能量浓度,可解决奶牛热应激。但是,这种做法常常会导致如下后果:

①母牛瘤胃挥发性脂肪酸中乙酸∶丙酸比例下降,牛奶的乳脂率下降。

②母牛瘤胃中纤维分解菌的活性被抑制,导致粗纤维的消化率降低,母牛瘤胃 pH 值下降,使母牛易患蹄叶炎、肝脓肿和第四胃变位,严重者导致酸中毒。

③使用产奶净能含量高的特殊饲料原料配合日粮,可在不提高日粮精粗比例的情况下有效提高日粮的能量浓度,对母牛的健康不会产生任何不良影响。反刍动物饲料用过瘤胃脂肪是这类特殊饲料原料的首选。

④脂肪的能值较高,相同重量脂肪的能量含量是相同重量碳水化合物能量含量的 2.25 倍。因此,在奶牛日粮中添加脂肪,对日粮的精粗比例影响很小。脂肪也不会像碳水化合物那样导致奶牛瘤胃 pH 值的降低。

⑤可在没有任何副作用的情况下提高日粮的能量浓度,使在奶牛不增加干物质进食量的情况下满足对能量的需要,避免一切由能量不足所导致的不良后果。

63. 如何应用TMR饲料缓解奶牛夏季热应激？

每天少量多次饲喂以促进采食，同时在任何时候都应保证有充足的饲料供应以便奶牛采食，确保日粮的新鲜。

在每天最凉爽的时段饲喂，提高晚上饲料的投放量。提供充足的饲槽空间。提供充足、洁净的饮水。

增加日粮的能量和其他养分的浓度以弥补采食量的不足，并在实际采食量基础上进行日粮配合。

通过增加日粮中的精料含量来提高能量浓度的同时，避免过多的可发酵碳水化合物，以防止引起瘤胃酸中毒。

向日粮中添加适当比例的脂肪以提高能量浓度和效率。

饲喂足够的日粮纤维来维持瘤胃的功能。通过加强优质粗饲料的应用，来尽可能减少日粮中整个粗饲料的含量。

确保适宜的蛋白质数量和质量，避免过多的瘤胃可降解蛋白质。

确保矿物质和维生素的适宜水平，特别是与免疫系统有关的矿物质和维生素。评估那些已经证明热季期间有益的某些特定矿物质的水平，例如钾、钠、镁。

每天清扫饲槽以防止饲料变质。

64. 颗粒化TMR的特点？

近些年来，低质饲草在经过一定加工调制后营养价值得到改善的前提下，以饲草为主的TMR逐步成为国内外草食家畜日粮研究的热点之一，并且有由散状TMR向颗粒化TMR(图2-27)转化的趋势。与散状TMR相比，颗粒化TMR具有更为广泛的优势：①颗粒化TMR的应用，满足了羊、牛生长发育阶段不同的营养需求，有利于根据草食家畜不同生产性能调节日粮，优化生产；同时，在不降低草食家畜生产力的前提下，可以有效地开发和利用当地尚未充分利用的农副产品和工业副产品等饲料资源。②颗粒化 TMR 有利于进行大规模的工业化生产，减少饲喂过程中的饲草浪费，使大型养殖场的饲养管理省时省力，有利于提高规模效益和劳动生产率。③颗粒化全混合日粮可以显著改善日粮的适口性，有效地防止草食家畜的挑食。owen 等（1982）指出，这可能与制粒过程中日粮所含淀粉原料的糊化相关，从而促进了草食家畜干物质的采食量和日增重。采食量的增加，可以使草食家畜从低能量日粮中获得更多所需要的营养物质，降低日粮精粗比例，从而节约饲料成本。④颗粒化 TMR 可以有效防止草食家畜消化系统功能的紊乱，颗粒化 TMR 含有营养均衡、精粗比适宜的养分，草食家畜采食颗粒化全混合日粮后瘤胃内可利用蛋白质与碳水化合物分解利用更趋于同步；同时又可以防止草食家畜在短时间内因精料过量采食而导致瘤胃 pH 值的突然下降；另外，还有助于维持瘤胃内环境的相对稳定及瘤胃微生物（细菌与纤毛虫）的数量、活力，使瘤胃内保持正常的消化、发酵、吸收及代谢，有利于饲料利用率及乳脂率的提高，并减少了食欲不良、酮血症、乳热病、真胃移位、酸中毒及营养应激等疾病发生的频率。

图 2-27　颗粒化 TMR 饲料

65. TMR 饲料中的食盐给量及注意事项？

产奶牛按日粮干物质采食量的 0.46％或按配合料的 1％计算即可。奶牛食盐中毒临床症状：病牛精神沉郁，头低、耳耷、鼻镜干燥、眼窝下陷，结膜潮红，肌肉震颤，食欲不振，渴欲增强；腹泻，尿液减少，瘤胃蠕动减弱，蠕动次数减少乃至废绝；心动过速、收缩力量减弱。治疗：立即停喂食盐，控制饮水，以拮抗钠离子，强心，解痉，补液，利尿，整肠和健胃等。拮抗钠离子：给病牛静注10%葡萄糖酸钙1000～1200毫升，每天1次。强心：用20%安钠咖20～30毫升，一次肌内注射，每天2次。补液利尿：用5%的葡萄糖溶液1000～2000毫升，速尿20毫升，静注，每天1次。解痉：用25%硫酸镁40毫升肌注，每天1次，直至症状解除，若出现脱水应迅速补液。对腹泻严重的病牛，可投喂活性炭。

66. TMR饲料中饲喂尿素的用量与注意事项是什么？

(1)用量 牛瘤胃微生物能利用非蛋白氮合成菌体蛋白和氨基酸，理论上1千克尿素相当于2.62～2.81千克蛋白质，改用尿素取代牛的部分蛋白质饲料，可节约养殖成本。

(2)注意事项 ①瘤胃内必须有一定量的碳水化合物。②日粮中蛋白质含量不超过10%～12%。③尿素用量不超过家畜对蛋白质需要量的20%～35%。④尿素在瘤胃内水解的速度是微生物利用速度的4倍，应严格控制尿素的给量，不超过精料的3%或饲料总干物质的1%。⑤在青贮和干草中添加尿素，玉米青贮中添加0.5%，总蛋白质可达10%～12%。⑥饲喂时要有过渡，一般需要2～3周的过渡期。⑦不能将尿素溶于水中给牛喝。⑧饲料中尿素要充分搅匀，最好不要将尿素与豆类饲料混喂。⑨6月龄犊牛由于瘤胃功能尚未健全，不宜补尿素。⑩与尿酶抑制剂配合使用效果更佳。⑪增加饲喂次数可提高饲喂效果。

67. 发生尿素中毒如何处理？

尿素中毒症状为牛过量采食尿素后30～60分钟即可发病。病初表现不安，呻吟，流涎，肌肉震颤，体躯摇晃，步样不稳。继而反复痉挛，呼吸困难，脉搏增数，从鼻腔和口腔流出泡沫样液体。末期全身痉挛出汗，眼球震颤，肛门松弛，几小时内死亡。

发现牛尿素中毒后，立即灌服食醋或乙酸等弱酸溶液，如 1% 乙酸 1 升，糖 250～500 克，常水 1 升，一次内服。静脉注射 10% 葡萄糖酸钙液 200～400 毫升，或静脉注射 10%硫代硫酸钠液 100～200 毫升，同时应用强心剂、利尿剂、高渗葡萄糖等疗法。

三、TMR设备选型与保养

1. TMR搅拌车的车型种类有哪些?

TMR饲料搅拌车是用于装载、制备动物饲料的机器,配有电子称重、智能化控制和操作系统,可集取各种粗饲料和精饲料以及饲料添加剂以合理的顺序投放在TMR饲料搅拌车混料箱内,通过绞龙和刀片的作用对饲料切碎、揉搓、软化、搓细,经过充分的混合后获得增加营养指标的全混合日粮。TMR搅拌车的类型按移动方式分为:牵引式、自走式、固定式;按内部结构分:立式搅拌车、卧式搅拌车。

卧式搅拌车图(3-1),箱体为长方形,箱体较低,便于人工加料且适用于老式牛舍使用(老式牛舍一般高度较低)。卧式TMR混合喂料车厢体内以数条纵向绞龙搅拌以推动日粮向发料口行进,

图 3-1　卧式搅拌车

在绞龙叶片上装有切割刀片。因此能将日粮很好地切碎与混合。但由于卧式的厢体截面均呈方形易留有死角残料，定期维护费用较立式要高。进口饲料搅拌机可自带臂式旋转滚筒取料等装置。

立式搅拌车（图 3-2）箱体为圆锥形，搅拌轴位于圆锥形中心位置，一般采用齿轮传动。立式搅拌车一般适用于大型草捆或青贮捆，也使用于小草捆。立式搅拌车的机具较卧式搅拌车要少，维护成本低。相同大小的搅拌车，立式搅拌车的高度要比卧式要高，不适用于人工加料，一般采用铲车或取料机加料。

图 3-2　立式搅拌车

立式搅拌车搅拌箱呈立桶形，装有螺旋形切碎钻，螺旋形钻成接近水平工作的切割力（似绞肉机芯），并且在桶壁设计有可伸缩的“底刀”，使切割的效果提高很多，立桶形的厢体能避免残料死角的存在。

2. 牵引式和固定式 TMR 饲料搅拌车的特点？

（1）牵引式　牵引式饲料搅拌机特点是机动灵活，独立性、专业化程度高。在建设牛场时要为车辆提供饲喂道，留出回转半径，牛棚高度要留够。使用牵引式饲料搅拌机同时还要配套拖拉机、装载机等。一般容积为 12 米^3 的 TMR 饲料搅拌机，使用拖拉机牵引动力是 100 马力左右，要改为电力驱动装置，动力应不低于 30 千瓦，因此成本较高。如果连续超负荷使用，还有可能在短时间内就要支付价格不菲的维修费用。拖拉机和装载机每日都要耗费燃油，现在北京有的大型奶牛场为了降低成本，把燃油驱动改成电驱动，1 年的成本可以节约将近 1/3，搅拌质量和工作效率无变化（图 3-3）。

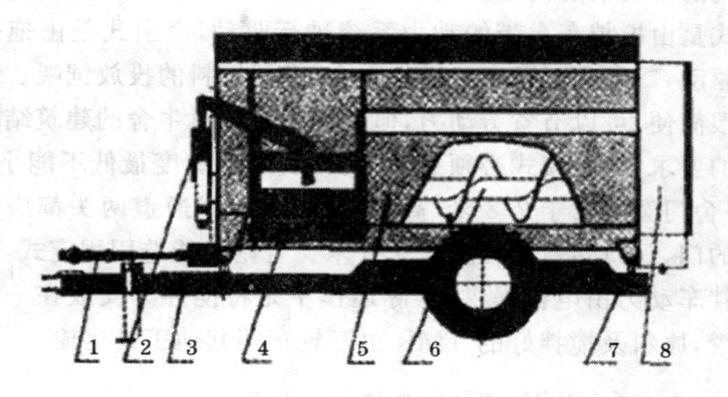

图 3-3　牵引式 TMR 车示意图

1. 万向轴　2. 计量器　3. 底盘　4. 出料门　5. 机体
6. 传动箱　7. 传感器　8. 传动箱

（2）固定式　固定式 TMR 混合搅拌设备由三相电动机驱动，搅拌好的饲料由出料设备卸至喂料车上，再由喂料车拉到牛舍饲喂，固定式饲料搅拌机结构简单，维修保养成本低，只要提供稳定额定电压，一般故障率比较低。一般容积为 7 米^3 的固定式 TMR 饲料搅拌机，使用电驱动的动力不低于 15 千瓦，使用拖拉机牵引动力不低于 65～80 马力。固定式饲料搅拌机还可根据实际情况配置上下料、装卸料设备。但饲料搅拌效果和效率与牵引式机型相比没有什么大区别，更适合国内奶牛养殖场的实情，如果以饲料站的形式出现，还可以为千头以上的奶牛养殖区域服务。

3. TMR 混合搅拌车如何选择？

常见的 TMR 混合搅拌车有立式、卧式；牵引型搅拌车、座型搅拌车等，大部分都配有计算机智能化控制和操作系统。选择牵引式还是固定式，主要看养殖场发展规模与方向、现场布局、饲养管理水平、经济条件、供电环境条件、成本指标等因素。因场而宜，因不同的牛场情况而加以选择。首先应从牛舍的建筑结构考虑，自走式是由搅拌车自带的动力系统进行驱动，牵引式是由拖拉机进行驱动，二者都可以直接进入牛舍，进行饲料的投放饲喂。特点是饲喂简便，可以节省劳动力，但这2种车型对牛舍的建筑结构有一定的要求，饲喂模式必须是头对头式，过道宽度最低不能小于3米，牛舍门宽应大于2.8米、高度应达到3米，通道两头都应有可进出的门，门口转弯半径应大于6米。否则只能选用固定式，固定式搅拌车动力由电机提供，实际运作中是将搅拌车安放在一固定的位置，原料及搅拌好的TMR由三轮车等其他工具运输。

4. TMR搅拌喂料设备特点?

具有剪切、揉搓、混合等多种功能，适应不同物料的混合。

设备上装有车载电子秤，在供料点加料时，可以准确按预定配方计量不同物料。

主要工作零部件耐磨和抗腐蚀性能强。

物料混合均匀，搅拌室内无死角，无物料残留。

能自带装料器实现自动装料。

生产效率高，使用操作简单，故障率低。

5. TMR搅拌车搅拌量如何计算?

计算公式：

泌乳牛日粮体积＝泌乳牛头数日采食量/TMR密度(TMR日粮的平均密度为350千克/米^3)。

例如：100头泌乳牛的牧场，泌乳牛的日采食量40～55千克，搅拌量计算：(100×40～55)÷350＝11.4～15.7米^3。

6. 一立方米TMR料有多重？

TMR密度与水分含量和精粗比例有关，通常可达260～300千克。高产牛精料比例大的容重较高，干奶牛及育成牛饲草比例高的容重较低。

7. TMR搅拌车的容积如何选择？

当饲料装得过多或过少时混合效果均不理想。应与饲料混合机制造商联系，以确定不同混合机的合理的饲料装填范围。搅拌车的容积选择的决定因素是奶牛场的饲养头数，通常100头牛选择1米^{3}容积，700～1 200头牛可以选择8～12米^3，1 500～2 500头牛可以选择16～25米^3。以上为搅拌车的有效容积（一般为搅拌车标定容积的70%）。预测奶牛场的TMR混合容积计算如下。

例：高产组75头奶牛，日饲喂2次，平均体重650千克，平均产奶量（4%乳脂校正奶）30千克。问每次投喂的TMR容积是多少？

首先计算产奶牛DMI（干物质采食量）占体重的百分比预测（NRC 1989），公式如下：

DMI（干物质采食量）占体重的百分比＝4.084－（0.00387×BW）＋（0.0584×FCM）

式中：BW—奶牛体重（千克）

FCM—4%乳脂校正的日产奶量

FCM＝（0.4×产奶量）＋（15×产奶量×乳脂率）

DMI占体重的%＝4.084－（0.00378×650）＋（0.0584×30）＝3.38

DMI千克/头·天＝3.38%×650＝22千克/头·天

22千克×75头奶牛/2次＝825千克DM/次

每次投喂TMR量：825/0.6（TMR干物质一般为60%）＝

1375 千克

用公式计算：典型的 TMR 密度为 258 千克/米^3

每次投喂 TMR 容积：1375 千克/258 千克/米^3 = 5.3 米^3

为了确保合理的混合效果，混合机饲料装填不应超过 70%。

5.3 米^3/0.7=7.57 米^3

非产奶牛 DMI 假定为占体重的 2.5%。

可以用相似的公式确定最小的饲料混合量（如青年母牛 TMR），以确保混合功能合理混合少量的饲料。

8. 超负荷使用 TMR 饲料搅拌机会有哪些问题？

如果在奶牛群体增加的情况下没有相应地增加 TMR 设备，会出现搅拌机两侧及底部厚钢板磨漏、刀片使用寿命短等现象。解决方案：一是投入资金购买更大容积的饲料搅拌机，二是可采用“少装快出料”，减轻搅拌机的负担，从而减少不必要的机械磨损，搅拌效果依然很好。

9. TMR 饲料搅拌机如何保养？

正确操作使用搅拌设备，必须详细阅读说明书并认真贯彻。不按照使用说明书操作，造成的后果就是提前更换不应该更换的零件，如传动链条、链轮、后搅龙轴承、输送带，搅龙严重磨损甚至折断，更严重的是更换减速装置，最终加大维修成本，缩短整机使用寿命，耽误牛场生产。TMR 饲料搅拌机总的看来结构简单：动力＋减速装置＋传动部分＋搅龙＋搅拌箱体等部件＝整体设备。虽然设备的零件少，但是每一个零部件都很重要。在搅拌过程中，转动的搅龙与各种饲草料之间不断地运动，产生强大的作用力与反作用力，当作用力超出设计允许范围，破坏性就开始增加。而搅龙上切割刀片的使用寿命，主要与饲草干湿、长短、品种等因素有关,因此,TMR 饲料搅拌机日常的检查维护保养尤其重要。规范地使用设备,工作效率才能充分发挥出来;严格地管理设备,才能保证各零部件的使用寿命,延长更换间隔。

10. 搅拌车的日常维护如何进行?

①根据搅拌车使用频率,至少每 2 个月调整 1 次方形切刀与底部对刀之间的距离,最大不要超过 1 毫米,缩短搅拌时间,降低油耗,保证日粮搅拌效果。根据刀片磨损情况,及时调整刀片方向或更换新刀片。②经常留意链条松紧,及时调整,并经常加油。③绞龙、链轮每 5 天注 1 次黄油,后面取青贮大臂 2~3 天加 1 次黄油。④经常留意电瓶电解液。⑤PTO 连接轴要经常抹黄油。⑥称重元件会因频繁地使用,经过一定的时期后会有所偏差,一般对秤每月校正 1 次,以便保证称量的准确。简单的校正方法为:搅拌机四角各放 50 千克重的袋子,读出重量;然后当装满 1/3、1/2 时,四角再各放 50 千克重的袋子,秤的读数是否增加 200 千克。

11. 如何为牵引式搅拌车配套拖拉机选型?

厂家将给出动力输出轴的最低所需功率,用户可根据拖拉机厂家给出的参数进行选配。

动力输出轴应为六花键,转数为 540 转/分钟,并且动力输出轴的操作最好为独立式的。

牵引板应该为独立式的,不能与动力输出在同一条直线上,绝不允许使用下拉杆进行牵引。

电瓶电压应为 12 伏直流。

12. 固定式搅拌车在安装前的准备工作都有哪些?

①牛场必须配备合适的变压器,并且该变压器必须满足所有

使用该变压器的用户可同时使用。

②启动机器前请认真阅读使用说明书。

③启动机器前检查所有的保护装置是否正常，查看所有指示标签，并了解其含义。

④熟悉所有的控制按钮，分别试用每个操控装置，看它们是否按照手册说明正常工作。

⑤未来设备操作人员必须是专职的，提前进行培训，考试合格后才能上岗。

⑥准备一些辅助设备，如青贮取草机，上料、卸料皮带等。

⑦使用机器之前，必须注意应没有人站在机器后部或工作范围内，机手在预见到任何危险时有责任立即停机。

⑧操作人员在感到身体不适、疲惫、酒醉、服药后不准操作。

⑨装载的饲料原料中，不能含有如石头、金属等异物，否则可能会伤害人、损坏机器及伤害被饲喂的动物。

13. TMR搅拌车使用时注意事项？

①严禁用机器载人、动物及其他物品。

②严禁将机器作为升降机使用或者爬到切割装置里，当需要观察搅拌机内部时请使用侧面的登梯。

③传动轴与设备未断开前，不准进入机箱内。

④严禁站在取料滚筒附近、料堆范围内及青贮堆的顶部。

⑤严禁调节、破坏或去掉机器上的保护装置及警告标签。

⑥机器运转或与拖拉机动力输出轴相连时，不能进行保养或维修等工作。

⑦严禁进行改装，即使是对机器的任何组成部分进行很小的改动都是禁止的。

⑧严禁使用非原产的备件。

⑨在所有工作结束后，要将拖拉机和搅拌车停放平稳，拉起手

制动，降低后部清理板，将取料滚筒放回最低位置。

⑩当传动轴在转动时，要避免转大弯，否则将损坏传动轴。在转大弯时应先停止传动轴再转弯，这样可以延长传动轴的使用寿命。还有要注意传动轴转动时，人不能靠近，防止被传动轴卷入，造成人身伤害。

⑪在升降大臂之前要确定大臂四周没有人，其次要确保截止阀是否处于打开状态。

⑫取料滚筒大臂在取料滚筒负荷增大时，会自动上升，经常这样会对机车的液压系统有一定的损坏。所以在负荷过大时，应调整大臂下降速度或减小取料滚筒的切料深度。

⑬在改变取料滚筒的转向时，应先等取料滚筒停止转动后再进行操作，否则将容易损坏液压系统。

⑭在下降取料滚筒大臂时，应在大臂与大臂限位杆即将接触时调低大臂的下降速度（可用大臂下降速度调节旋钮进行调节），这样可以避免大臂对限位杆的冲击，保证限位杆及后部清理铲不受损坏。

⑮高效混合时必须给机箱内至少留有20%的自由空间，用于饲料的循环搅拌。要避免出现饲料没有循环绞拌，都搭在副搅龙上。这样会使绞龙的负荷增大，从而使链条容易被拉断。

⑯如果发现搅拌时间比往常要长的话，需要调整箱体内的刀片。随着绞龙运动的刀片称为动刀，固定在箱体上的称为定刀。正常情况下，动刀刃和定刀刃之间的距离小于1毫米的。如果动刀磨损，需要更换。如果定刀磨损，可以将其抽出来换个刀刃，因为定刀有4个刀刃，因此可以使用4次。要特别注意的是，换刀时，要保证拖拉机处于熄火状态，最好钥匙能在换刀人手上，以保证人身安全。

⑰取料顺序一般有这几条原则：先长后短、先重后轻、先粗后精。实际情况可以根据混合料的要求来调整投料的顺序。

⑱卸料时要注意先开卸料皮带，后开卸料门；停止卸料时，要先关卸料门，再关卸料皮带，这样可以防止饲料堆积在卸料门口。

14. 人工TMR饲喂奶牛是否有效？

人工TMR，就是借鉴国外TMR技术和工艺流程，结合我国大多数牛场的实际生产条件和当地饲草料资源，对奶牛饲料配方进行优化组合，通过人工或简易的搅拌设备，达到TMR饲喂方式的饲养效果的一种技术。主要的搅拌设备有粉碎机，玉米、豆粕等子实类饲料原料粉碎时选用锤片式饲料粉碎机。苜蓿、干草、农作物秸秆，青贮等粗饲料原料铡短时选用铡草机或饲草粉碎机。块根、块茎类饲料切碎时选用青饲料切碎机。玉米、豆粕等子实类饲料原料粉碎后混合加工精料补充料选用饲料混合机。苜蓿、野干草、农作物秸秆等粗饲料和精料补充料等混合时选用立式饲料混合机。无粗饲料和精料补充料混合设备条件的奶牛场(户)，可使用铁锨等工具进行人工混合。人工混合按青贮、干草、糟渣类和精料补充料顺序分层均匀地在地上摊开。一般2人使用铁锨等工具将摊在地上的饲料向一侧对翻，直至混匀为止。一般翻3～5次。其他TMR饲料配制和饲喂与正常TMR饲喂要求相同。青岛市畜牧研究所对这项技术进行了探讨，结果人工TMR比一般饲喂下，可提高产奶量4.75%，每头奶牛每天利润增加1.46元。

四、圈舍设计及饲养设备的配套

1. 如何选择 TMR 牛场场址？

①原则上符合当地土地利用发展规划，与农牧业发展规划、农田基本建设规划等相结合，科学选址，合理布局。

②场址地势高燥、远离噪声、背风向阳、排水良好、地下水位较低，具有一定的缓坡而总体平坦的地方，不宜建在低凹、风口处。

③水源充足，取用方便，有贮存、净化设施，能够保证生产、生活用水，水质应符合 GB 749 的规定。

④场区土壤质量符合 GB 15618 病害动物和病害动物产品生物安全处理规程的规定。

⑤气象要综合考虑当地的气象因素，如最高温度、最低温度、湿度、年降水量、主风向、风力等，选择有利地势。

⑥根据当地主风向，场址应位于居民区及公共建筑群的下风向处。

⑦交通便利，有专用车道直通到场。场界距离交通干线和居民居住区不少于 500 米，距其他畜牧场不少于 1 千米，周围 1.5 千米以内无化工厂、畜产品加工厂、屠宰场、兽医院等容易产生污染的企业和单位。

⑧电力充足可靠，符合 GB 50052 的要求。

⑨满足建设工程需要的水文地质和工程地质条件。

2. TMR 牛场除了牛舍奶厅外，还应有哪些设施？

(1)经理办公室和财务室 经理办公室和财务室是一个奶牛场经营管理的指挥部。可根据奶牛场自身的规模和经济预算自行设计，以有利于高效办公和经济实用为原则。

(2)生产资料室 生产资料室人员负责制定奶牛育种技术规范，生产表格设计、资料的收集、记录、分类整理和分析，及时汇总并定期上报场长、经理。应配备电脑软硬件设备。

(3)输精室 输精室的位置应合理布局，一般位于生产区，根据规模配备人员及设备。这是关系奶牛场能否盈利和持续发展的关键部门。应有奶牛繁殖配种工作技术规范并严格执行。

(4)兽医室 兽医室的位置也应合理布局，一般与输精室毗邻，根据规模配备人员及设备。这是关系奶牛健康正常生产的关键部门。应制定规范并严格执行。

(5)饲料库与饲料配合间 饲料配合间及饲料库应设在管理区或生产区的上风处，尽量靠近奶牛采食区，以便缩小向各个牛舍的运输距离。精饲料加工调制及使用应按规范进行。

(6)青贮窖 青贮窖可设在牛舍一端附近，以便取用，但饲喂通道必须与奶牛挤奶和清粪的脏道分开，并防止牛舍和运动场的污水渗入窖内。其形状可为圆形塔，或方形窖。总容积大小应根据奶牛场规模而定。

(7)干草棚或干草库 干草棚可设在青贮窖附近，以便取用，除与脏道分开外，还应注意与牛舍及其他建筑有一定距离，以防火灾。干草库：干草库贮存切碎干草或秸秆，因切碎之后容重增大，可增加贮存量（利用率），为降低每立方米的容积的造价，可采用轻质屋顶、高屋脊，为充分利用库容，应设高窗户，并采取防火门等防火措施，以免火灾损失（图 4-1）。

图 4-1　干草棚或干草库

(8)粪尿池　牛舍与粪尿池应有一定距离(200～300 米)。粪尿池的容积应取决于饲养乳牛的头数和贮粪周期。各龄乳牛每天每头排粪尿量为:泌乳牛 70～120 千克;初孕和育成牛 50～60 千克;犊牛 5～30 千克。

(9)病牛隔离舍　设在牛舍下风向的地势低洼处。要建筑在牛舍 200 米以外的偏僻地方,以免疾病传播。

(10)奶库　没有条件及时把奶送到加工厂的奶牛场均应设置 0℃～5℃的冷库。奶库建筑标准按有关食品高温(0℃～5℃)冷库的标准及每天贮存数量的要求建造,或设置有制冷机的不锈钢贮奶罐作临时贮存。

(11)化粪池　采用冲水来处理厩舍粪尿的牛场必须设置排污系统,按每天用水量以及粪尿水腐熟所需的时间设置足够容量的化粪池,经化粪池发酵成熟的粪水可作为肥料。以免粪水横流污染地下水,以及周边环境。也可用沼气池来消化粪水与剩余废草,给牛场提供一定的燃气。化粪池应建在水流的下方向最低的地点，避开地下水流，池体不漏渗水。

(12)堆粪场 设在牛场下风向最低的地点，离牛舍不少于 50 米，按每头成年奶牛每月 1.5 米^3，犊牛和育成牛平均每头每月 0.6 米^3 计，高温堆肥可高 1 米、宽 2 米，堆肥间过道 0.5 米，南方地区能堆积 1 个月，北方地区能堆积 4～5 个月的粪量，计划出粪场面积。

3. TMR 牛场如何规划与布局？

原则要因地制宜，整齐、紧凑，节约基建投资，经济耐用；有利于生产管理和便于防疫、安全；各类建筑合理布置，符合发展远景规划；符合牛的饲养、管理技术要求；放牧与交通方便，遵守卫生和防火要求。建筑紧凑，在节约土地、满足当前生产需要的同时，综合考虑将来扩建和改造的可能性。牛场（小区）一般按照生活管理区、辅助生产区、生产区、粪污处理区和病畜隔离区等功能区。各功能区之间有一定距离，并有防疫隔离带或墙。生活管理区包括与经营管理有关的建筑物主要包括生活设施、办公设施，设在牛场（小区）常年主风向上风向及地势较高地段，设主大门，人员消毒室、更衣室和车辆消毒池，与生产区严格分开，保证 50 米以上的距离。生产区牛舍、挤奶厅要合理布局，各牛舍之间要保持适当距离，布局整齐，以便防疫和防火，入口处设人员消毒室、更衣室和车辆消毒池。辅助生产区主要包括供水、供电、供热、维修、草料库等设施，要紧靠生产区布置。干草库、饲料库、饲料加工调制车间、青贮窖应设在生产区边沿下风向地势较高处。粪污处理区和病畜隔离区主要包括兽医室、隔离牛舍、病死牛处理区、贮粪场、装卸牛台和污水池，应设在场区下风向或侧风向及地势较低处，与生产区保持 300 米以上的间距。粪尿污水处理、病畜隔离区应有单独通道和后门，便于病牛隔离、消毒和污物处理。

TMR 牛场布局见图 4-2 至图 4-5。

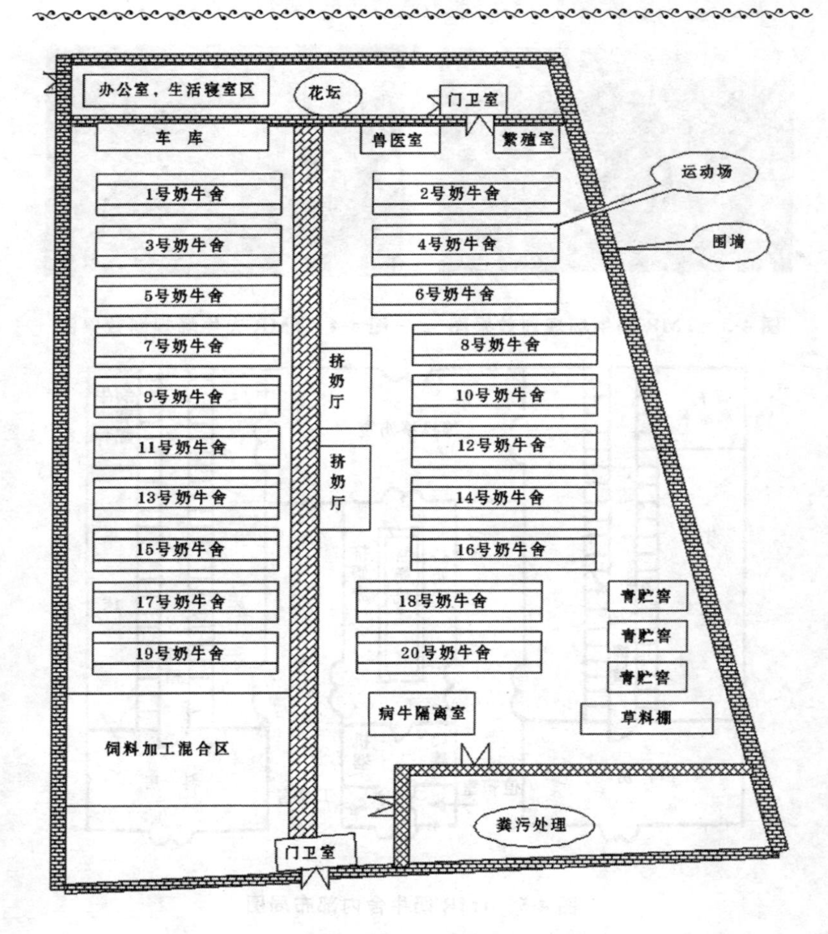
办公室，生活寝室区
花坛
门卫室
车 库
兽医室
繁殖室
运动场
围墙
1号奶牛舍
2号奶牛舍
3号奶牛舍
4号奶牛舍
5号奶牛舍
6号奶牛舍
7号奶牛舍
8号奶牛舍
9号奶牛舍
10号奶牛舍
11号奶牛舍
12号奶牛舍
13号奶牛舍
14号奶牛舍
15号奶牛舍
16号奶牛舍
17号奶牛舍
18号奶牛舍
19号奶牛舍
20号奶牛舍
挤奶厅
挤奶厅
青贮窖
青贮窖
青贮窖
草料棚
病牛隔离室
饲料加工混合区
粪污处理
门卫室

图 4-2 牛场整体布局图

图 4-3 TMR 奶牛场规划效果图

图 4-4 TMR 肉牛场规划效果图

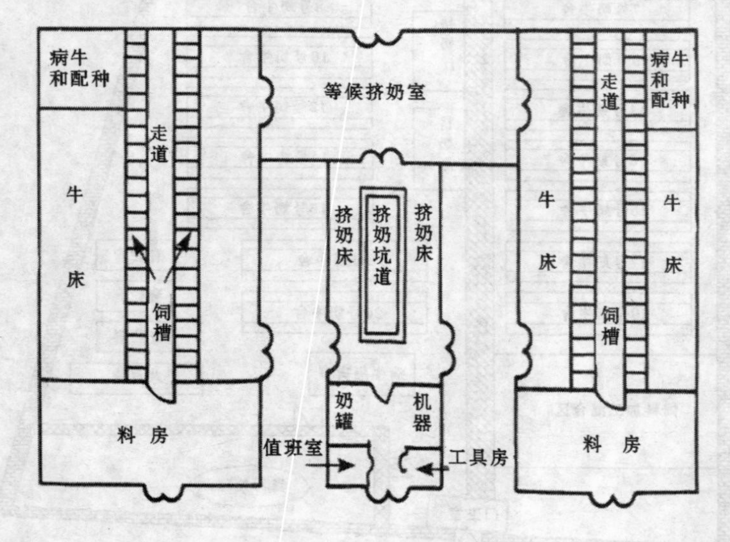

图 4-5 TMR 奶牛舍内部布局图

4. 施行 TMR 对牛舍的要求是什么？

(1)为牛创造适宜的环境 一个适宜的环境可以充分发挥牛的生产潜力，提高饲料利用率。一般来说，家畜的生产力 20%取决于品种，40%～50%取决于饲料，20%～30%取决于环境。不适宜的环境温度可以使家畜的生产力下降 10%～30%。此外，即使喂给全价饲料，如果没有适宜的环境，饲料也不能最大限度地转化为畜产品，从而降低了饲料利用率。由此可见，修建畜舍时，必须符合家畜对各种环境条件的要求，包括温度、湿度、通风、光照、空气中的二氧化碳、氨、硫化氢，为家畜创造适宜的环境。

(2)要符合生产工艺要求 保证生产的顺利进行和畜牧兽医技术措施的实施，奶牛生产工艺包括牛群的组成和周转方式，运送草料，饲喂，饮水，清粪等，也包括测量、称重、采精输精、防治、生产护理等技术措施。修建牛舍必须与本场生产工艺相结合。否则，必将给生产造成不便，甚至使生产无法进行。

(3)严格卫生防疫，防止疫病传播 流行性疫病对牛场会形成威胁，造成经济损失。通过修建规范牛舍，为家畜创造适宜环境，将会防止或减少疫病发生。此外，修建畜舍时还应特别注意卫生要求，以利于兽医防疫制度的执行。要根据防疫要求合理进行场地规划和建筑物布局，确定畜舍的朝向和间距，设置消毒设施，合理安置污物处理设施等。

(4)要做到经济合理，技术可行 在满足以上3项要求的前提下，畜舍修建还应尽量降低工程造价和设备投资，以降低生产成本，加快资金周转。因此，畜舍修建要尽量利用自然界的有利条件（如自然通风，自然光照等），尽量就地取材，采用当地建筑施工习惯，适当减少附属用房面积。畜舍设计方案必须是通过施工能够实现的，否则，方案再好而施工技术上不可行，也只能是空想的设计。

(5)建舍要求 牛舍建筑，要根据当地的气温变化和牛场生产用途等因素来确定。建牛舍因陋就简，就地取材，经济实用，还要符合兽医卫生要求，做到科学合理。有条件的，可建质量好、经久耐用的牛舍。牛舍内应干燥，冬暖夏凉，地面应保温，不透水，不打滑，且污水、粪尿易于排出舍外。舍内清洁卫生，空气新鲜。由于冬季、春季风向多偏西北，牛舍以坐北朝南或朝东南为好。牛舍要有一定数量和大小的窗户，以保证太阳光线充足和空气流通。房顶有一定厚度，隔热保温性能好。舍内各种设施的安置应科学合理，以利于奶牛生长。

5. TMR 牛舍的卫生标准？

(1)温度 适宜温度为 4℃～24℃，10℃～15℃最好，大牛 5℃～31℃，小牛 10℃～24℃。

(2)湿度 适应范围 50%～90%，较合适 50%～70%，空气相对湿度不应高于 80%～85%。

(3)气流 冬季气流速度不应超过每秒 0.2 米。

(4)光照 自然采光，夏季避免直射。

(5)灰尘 来源于空气带入、刷拭牛体、清扫地面、抖动饲料，尽量避免。

(6)微生物 与灰尘含量有直接关系，尽量减少灰尘产生。

(7)噪声 噪声超过 110～115 分贝(dB)时，产奶量下降 10%，不应超过 100 分贝。

(8)有害气体 氨不应超过 0.0026%，硫化氢不应超过 0.00066%，一氧化碳不应超过 0.0024%，二氧化碳不应超过 0.15%。

6. 如何修建散栏式牛舍？

散栏式牛舍是将牛床饲养与挤奶厅相结合的牛场，适合规模化养殖，自动化管理。散栏式牛舍建筑的基本要求：宽度在 20 米以上，长度在 60～120 米。标准牛舍以饲养 200～400 头牛为单位。

散放式饲养牛舍形式，因气候条件不同，可分为房舍式、棚舍式和荫棚式 3 种。其中塑料暖棚牛舍(图 4-6)属于半开放牛舍的一种，是近年来北方寒冷地区推出的一种较保温的半开放式牛舍。

就是冬季将半开放式奶牛舍,用塑料薄膜封闭敞开部分,利用太阳能和牛体散发的热量,使舍温升高,同时塑料薄膜也避免了热量散失。修筑塑膜暖棚牛舍要注意以下几个方面问题:一是选择合适的朝向,塑膜暖棚牛舍需坐北朝南;二是选择合适的塑料薄膜,应选择对太阳光透过率较高、而对地面长波辐射透过率较低的聚乙烯等塑膜,其厚度以80～100微米为宜;三是要合理设置通风换气口,棚舍的进气口设在棚舍顶部的背风面,上设防风帽,排气口的面积以20厘米×20厘米为宜,进气口的面积是排气口面积的一半,每隔3米远设置1个排气口。

图4-6　塑膜暖棚牛舍

屋盖的形式很多,常见的有双坡对称式、双坡不对称气楼式和双坡对称气楼式(钟楼式)3种。

①双坡对称式:门窗面积增大可增强通风换气,冬季关闭门窗有利于保温,这种奶牛舍设计、建造简单,投资较小,可利用面积大,适用性强。

②双坡不对称(半钟楼式)气楼式:奶牛舍"天窗"对舍内采光、防暑优于双坡式奶牛舍。其采光面积决定于"天窗"的高、窗面材料和窗的倾斜角度的大小。

③双坡对称气楼式:"天窗"可增加舍内光照系数,有利于舍内空气的对流,夏季防暑效果较好;冬季"天窗"失热较多,尤其是关闭不严失热更为严重,不利于冬季防寒保温(图4-7)。

双坡式牛舍属于封闭型牛舍,分双列对尾式、双列对头式(图4-8)。牛舍建造坐北朝南,饲养规模100头以上的牛舍多呈"凸"字形。

图 4-7 双坡对称气楼式牛舍

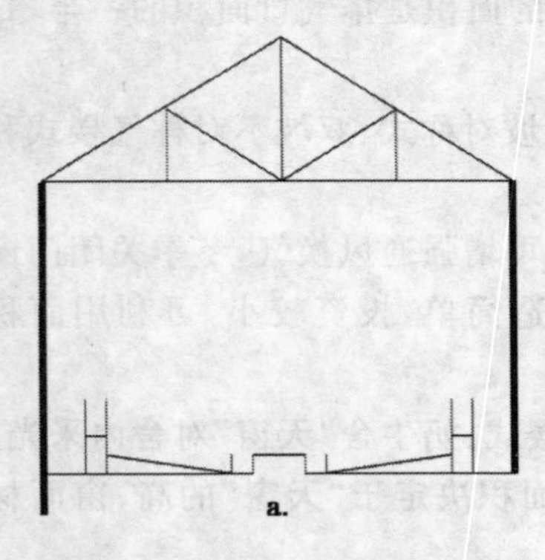

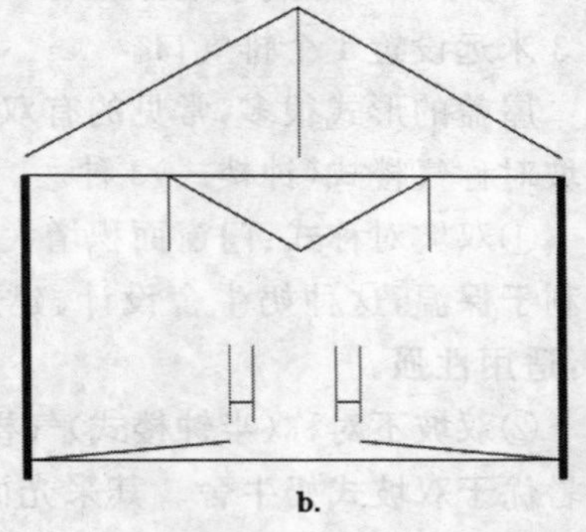

a. b.

图 4-8 双列对尾式牛舍

a. 对尾式 b. 对头式

7. 几种牛舍结构是怎样的?

奶牛舍、肉牛舍结构见图 4-9 至图 4-15。

图 4-9　全开放式牛舍

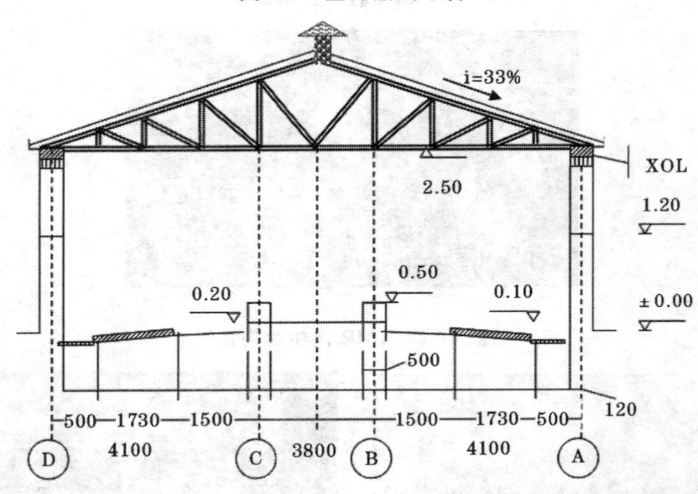

图 4-10　TMR 奶牛舍剖面图(图中尺寸仅供参考)　(单位:毫米)

将活动栏杆与柱子通过钢丝绳拉结。C 和 D 轴线之间为饲喂走道,饲喂走道标高为 0.300 米,C 和 D 轴线外侧的牛床标高为 ±0.000 米。饲槽宽度为 0.600 米,槽底标高为 0.200 米。A 和 B 轴线之间、E 和 F 轴线之间的运动场上面的屋顶在气候适宜的季节可以不敷设屋顶材料,冬季可以覆盖塑料膜,夏季可以覆盖遮阳网，为减少造价，也可以将运动场的屋架取消，运动场常年为露天运动场。

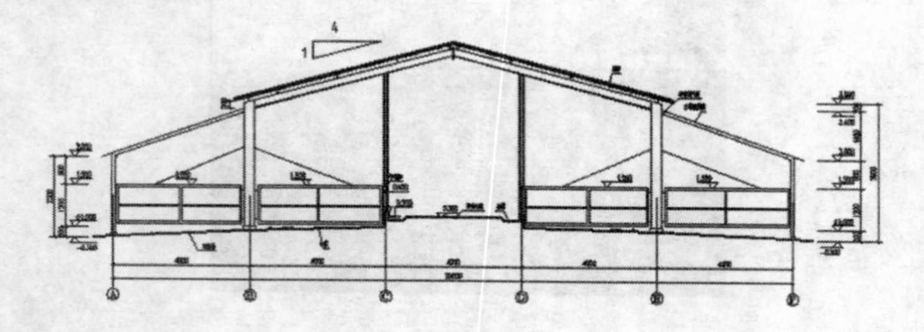

图 4-11 TMR 肉牛舍剖面示意图

图 4-12 TMR 肉牛舍内部

图 4-13 TMR 牛舍的远景外观

图 4-14 TMR 奶牛舍内部

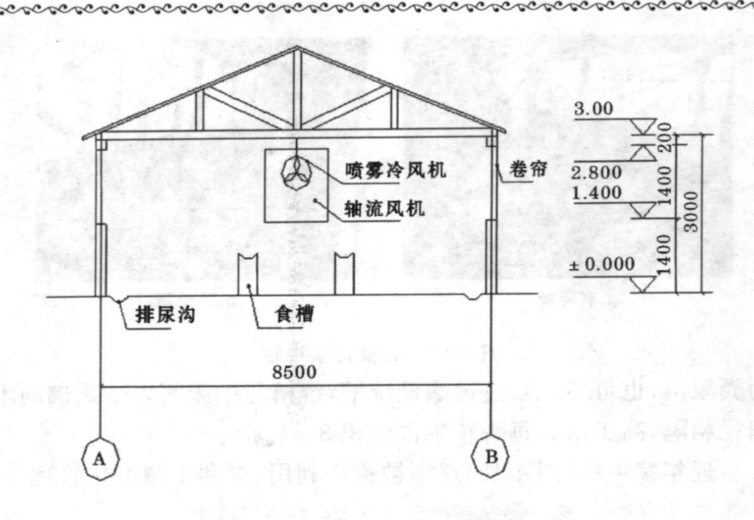

图 4-15　TMR 牛舍风机的摆放位置

犊牛舍：分为 2 部分，即初生犊牛栏和犊牛栏（图 4-16，图 4-17）。初生犊牛栏，长 1.8～2.8 米、宽 1.3～1.5 米，过道一侧设长 0.6 米、宽 0.4 米的饲槽，门 0.7 米。犊牛栏之间用高 1 米的挡板（图 4-17）相隔，饲槽端为栅栏（高 1 米）带颈枷，地面高出 10 厘米向门方向做 1.5%坡度，以便清扫。犊牛栏长 1.5～2.5 米（靠墙

图 4-16　犊牛栏

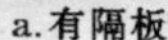
a.有隔板

b.撤掉隔板

图 4-17　隔板式犊牛栏

为粪尿沟，也可不设），过道端设统槽，统槽与牛床间以带颈枷的木栅栏相隔，高 1 米。每头犊牛占面积 3～4 米^2。

近年犊牛岛（图 4-18）逐渐被推广利用，更利于精细化管理。

图 4-18　犊牛岛

8. TMR 牛场牛床如何设计？

舍内设牛床，成年牛床长 210～220 厘米、宽 110～120 厘米；育成前期牛床长 170～190 厘米、宽 85～90 厘米；育成后期牛床长 190～200 厘米，宽 100～110 厘米。牛床距地面高度 20 厘米左右。饲喂道宽 4～4.5 米，方便奶牛全混合日粮（TMR）设备的使用。弗里斯兰—荷斯坦奶牛从卧姿站起来的全过程测量所得数据。（来源：Faull, W. B. , etal: Epidemiologyoflamenessindairycattle: theinfluenceofcubiclesandindoorandoutdoorwalkingsurfaces. VetRec139：130－136,1996.）

站姿全长(鼻尖至尾根)240 厘米;卧姿身体着地长度 180 厘米;卧姿身体着地宽度 120 厘米;头部前冲空间 60～70 厘米;前腿向前跨步距离 45 厘米。

散栏式牛舍卧床尺寸见图 4-19 至图 4-20。

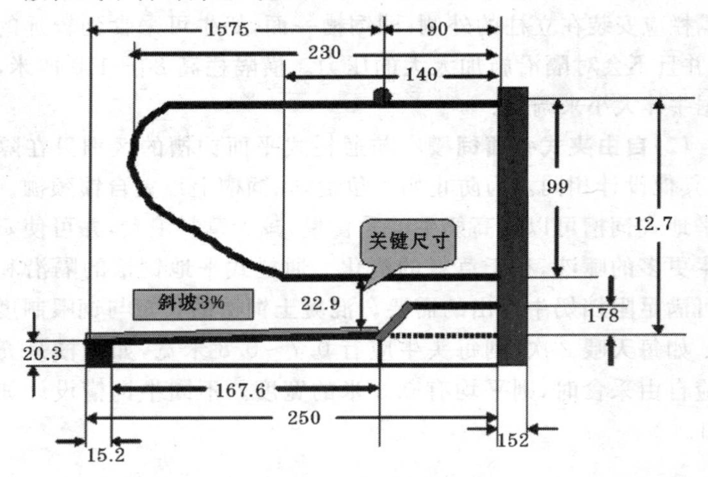

图 4-19　散栏式牛舍卧床尺寸的设计　(单位:厘米)

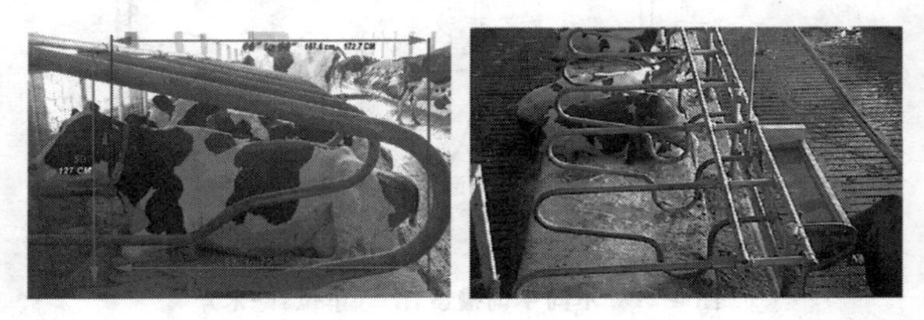

图 4-20　奶牛牛床

9. TMR 牛场牛槽的尺寸与设计要求有哪些?

采食区设计为通栏式平面饲槽或自由夹式平面饲槽。

(1)通栏式平面饲槽 通栏式(亦称柱栏式)平面饲槽,设计简单、实用,饲喂方便,容易清扫。饲栏隔沿按饲槽底为准,其高度为15 厘米,饲槽一面底角呈圆弧形,隔沿上方用活扣安装横隔栏,注意横隔栏应安装在立柱的外侧,即饲槽一面,奶牛可采食到较远的食物,并且不会对隔沿施加太大的压力。横隔栏高 80～110 厘米,可根据牛体大小来调节。

(2)自由夹式平面饲槽 与通栏式平面饲槽的区别只在隔栏上,其他设计相同。为防止奶牛争食,在饲槽上设置自锁颈枷。采用平地式饲槽可以提高奶牛的采食量,减少草料浪费,并可使奶牛产生更多的唾液,利于草料的消化。通栏式平地饲槽的隔沿和横栏可满足阻挡奶牛外出的需要。混凝土饲槽的长短与饲喂制度有关。如每天喂 2 次,则每头牛应有 0.7～0.8 米宽,如饲槽是充分供应自由采食时,则平均有 0.3 米的宽度。不同牛饲槽设计如图 4-21。

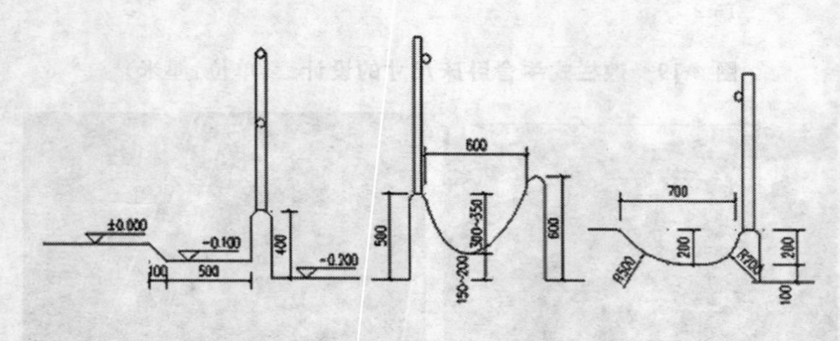

图 4-21 不同牛饲槽设计 (单位:毫米)

10. TMR 牛场运动场修建要求有哪些？

运动场的面积，应保证奶牛的活动休息，又要节约用地。各龄乳牛每头平均运动场占地面积为：泌乳牛 15～20 米^2；初孕牛和育成牛 16 米^2；犊牛 10 米^2。运动场宜宽敞，以减少牴架。运动场地面要平坦、干燥，有一定坡度，中央较高，围栏三面挖明沟排水，防止雨后积水运动场泥泞。最好把进入牛舍的地面硬化。该加强运动的加强运动，不宜运动的少运动。除有适宜运动场之外，还有敞篷式饲养棚，定时喂精粗料。牛挤完奶之后可在运动场自由运动，也可进自由牛床休息。

运动场围栏，高不少于 1.2 米（犊牛运动场围栏高 1～1.1 米），横栏间隙不大于 40 厘米（成年牛）、30 厘米（育成牛）、20 厘米（犊牛）。若供电充足，可以使用电围栏。

运动场凉棚，可夏季防暑，一般每头成年奶牛 4～5 米^2，青年、育成奶牛为 3～4 米^2。

运动场内采食槽，为舍饲奶牛采食粗饲料不足或舍内剩草放在采食槽内让奶牛自由采食。另外，在采食槽一端设一个采食盐槽。饲槽位置设在背风向阳之处，与奶牛舍平行。

奶牛运动场见图 4-22。

图 4-22　运动场内的奶牛

11. TMR 牛场运动场饮水槽设计是什么?

牛随时都要饮水,因此,除舍内饮水外,还必须在运动场边设饮水槽。水槽的建设要符合牛的饮水习性(图 4-23)。

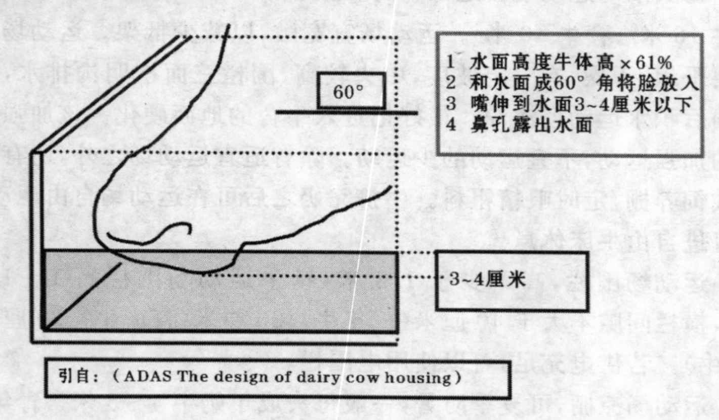

图 4-23　牛饮水示意图

水槽一般槽长 3～5 米,上宽 70 厘米,槽底宽 40 厘米,槽高 40～70 厘米。每 25～40 头应有 1 个饮水槽,要保证供水充足、新鲜、卫生。运动场周围要建造围栏,可以用钢管建造,或工程(无毒)塑料制作,也可用水泥桩柱建造,要求结实耐用。以水泥灌筑,应设在背风向阳之处,并配备污水道,便于清洗。水槽长短应平均每头牛不少于 10 厘米,水槽两侧为混凝土地面。很多奶牛消化道的疾病都是因为水源污染造成的。要保证干净的水源,饮水器中的水就要定时更换,定时放掉饮水器中的剩水并对饮水器进行清理,定时地给饮水器补充新水。所以,应该选择易于清理和操作的饮水器。饮水器的保温功能很重要,如果不能按时换水,细菌的滋生就会直接影响奶牛的健康了。

各种奶牛饮水槽见图 4-24 至图 4-27。

图 4-24 正在饮水的牛

图 4-25 可活动的饮水槽

图 4-26 水泥饮水槽

图 4-27 鸭嘴式饮水槽

12. TMR 牛场自锁采食颈枷的设计是怎样的？

自锁采食颈枷具有根据牧场工作需要同时锁定或放开 1 头或多头牛的功能，为防止卡牛现象发生，自锁颈枷的上下摆空间都可允许奶牛牛头的进出（设置反向打开功能），在非锁定状态下，颈枷摆臂依靠重力便可自动恢复并保持打开的状态，颈枷的开关控制通过旋转轴实现，通过配套的控制部件，可同时打开不少于 100 个牛位。

自锁采食颈枷示意见图 4-28 至图 4-30。

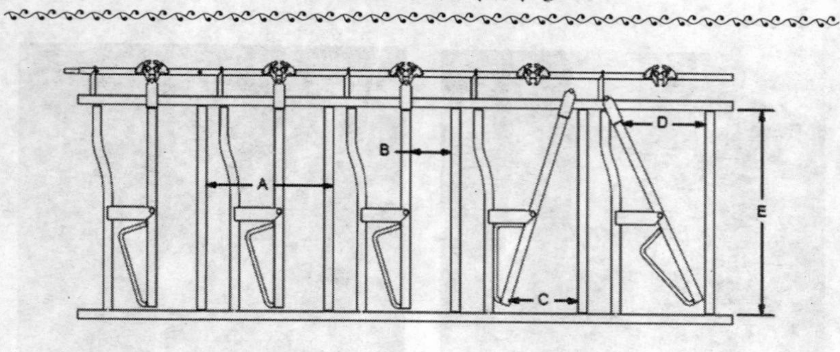

图 4-28　自锁采食颈枷尺寸

位　置	相关尺寸(毫米)	备　注
A	590(＋/－5)	每牛位宽度
B	190(＋/－5)	锁定情况下允许颈宽
C	300(＋5)	下摆最小打开宽度
D	385(＋5)	打开状态下，上摆最小打开宽度
E	890(＋/－5)	每牛位高度

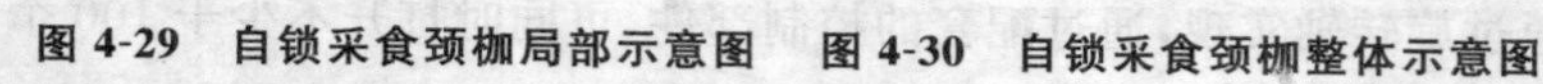

图 4-29　自锁采食颈枷局部示意图　　图 4-30　自锁采食颈枷整体示意图

13. TMR 牛场待挤区和挤奶通道设置补饲和补水的必要性?

在待挤区(图 4-31)和挤奶通道设置补饲,笔者认为没有必要,如果 TMR 饲喂,饲料完全可以在牛舍中给足量,不必再额外添加。在炎热的夏季在待挤区和返回通道设置一些饮水槽是很有必要的。建议在待挤区的两侧设置与待挤区的长度差不多的饮水槽;在返回通道也可以设置一些饮水槽,其总长度可以按每批次最多挤奶牛头数乘以每头牛 20 厘米设置,可以分开在几个地方安装。

图 4-31　牛场待挤区

水槽尺寸参考为:水槽高度 60～70 厘米、宽度 40 厘米、深度 30～40 厘米,冬季可以考虑电加热。待挤区的面积一定要与牛舍每批次最大挤奶牛头数相匹配。从建筑角度及奶牛福利方面考虑,待挤区每头牛占用面积在 1.6～1.8 米^2 为宜,可以根据每次最多能进入待挤区奶牛头数来计算占用面积。比如:一次最多需要挤奶的泌乳牛为 100 头挤奶牛,待挤区的面积在 180 米^2 左右就可以了。当然,待挤区面积大一些奶牛会感觉舒服些,但是建设成本会高一些。其实在建设待挤区时如果考虑在待挤区安装喷淋设施的话,奶牛在炎热的季节在待挤区也会感觉到舒适的。也可安装滚刷(图 4-32)。

图 4-32　奶牛滚刷

14. TMR 牛舍通风及防暑降温设备要求?

牛舍通风设备有电动风机和电风扇。轴流式风机是牛舍常见的通风换气设备,这种风机既可排风,又可送风,而且风量大。电风扇也常用于牛舍通风,一般以吊扇多见(图 4-33)。

图 4-33 牛舍通风系统

牛舍防暑降温可采用喷雾设备,即在舍内每隔 6 米装 1 个喷头,每 1 喷头的有效水量为每分钟 1.4~2 升,降温效果良好。目前,有一种进口的喷头射角度 90°和 180°喷射成淋雾状态,喷射半径 1.8 米左右,安装操作方便,并能有效合理地利用水资源。喷淋降温设备包括:PVC、PE 工程塑料管、球阀、连接件、进口喷头、进口过滤器和水泵等。一般用深井水作为降温水源。

15. TMR 牛舍牛床垫料的选择?

牛床舒适与否直接影响奶牛的上床率,从而影响奶牛的休息时间、身体健康状况,进而影响其产奶量。如果牛床是水泥地面,奶牛休息大约只有 7 小时;如果牛床上有舒适的垫料,其休息时间则能达到 14 小时以上。同时干净和干燥的牛床垫料还可减少细菌繁殖和蹄病的发生率,保障奶牛的健康(图 4-34)。

图 4-34　奶牛床垫料

牛床垫料从材料角度,可分为无机垫料和有机垫料。选择牛床垫料要考虑 3 个因素:能否保障奶牛健康、能否提高奶牛的生活舒适度和对后续污粪处理的影响。一般而言,无机材料安全,不会成为微生物生存的媒介,但通常会对后续的污粪处理会带来很多问题。有机垫料因其可生物降解性而不存在后续处理的难题,但有可能成为微生物生长的媒介。以下简要分析几种有代表性的牛床垫料。

(1)沙子　沙子是一种优良的牛床垫料,微生物不能在这种垫料中繁殖,它能防止由垫料引发乳房炎的隐患,从而保障奶牛的健康。且沙子渗水性较好,即使含水较高,也不容易结成块状,沙粒趋于分散,均衡承担奶牛的体重。其缺点体现在污粪处理方面:沙子和污粪混在一起后,使得清粪设备、泵和筛分器更易被磨损,在输送过程中管路易堵塞。大量沙子沉积在积粪池和贮液池底部,使得每隔一段时间就需要清池。将含沙的污粪制成有机肥也会影响其肥效。用沙子作垫料,用量约为每天每头 20 千克,沙子全国售价每立方米 50～70 元,运行成本昂贵。

(2)沙土　沙土这种无机材料同样不会滋生细菌,渗水性较好,能维持牛床的卫生、干燥。但它容易结成块状,导致奶牛膝盖、腿容易受伤，且同样不利于后续的污粪处理。用沙土作垫料，用量约为每天每头 20 千克，全国售价约每立方米 20 元。

(3)橡胶垫 橡胶垫通常垫在水泥卧床上面，具有铺设方便、维护简单、舒适性强、使用方便的优点，当有水的时候可直接拭去。但在床垫下面容易滋生病菌，且其造价也相当昂贵。

(4)牛粪垫料 经堆肥处理后的牛粪，含水率 30%，无臭、松软而干燥。奶牛虽不会讲话，但却会自己选择其乐意卧睡的地方。仔细观察奶牛在运动场休息的情景，可以看出奶牛选择卧在运动场边缘的牛粪堆上，而不会卧在运动场中间没有牛粪的地方。美国牧场主 Greg 拥有一个 7 000 头泌乳牛的牧场，其牧场产生的牛粪全部用来生产牛床垫料，其垫料完全能供应自己牧场的卧床使用，还有少量充当有机肥施于田间。

16. TMR 牛舍橡胶垫如何使用？

奶牛养殖场一般是直接将牛床橡胶垫铺在牛床上，这样主要是节约安装成本、方便清理，但是经过奶牛踩踏就容易出现牛床橡胶垫移位，应该针对不同的牛舍环境及地面的情况，设计不同的安装方案，以此来达到牛床橡胶垫的合理使用效果。

很多奶牛养殖场在使用了牛床橡胶垫以后，更多的是清理表面的粪便，而忽略牛床橡胶垫底层的清理，时间一长，底层就容易滋生细菌，不仅影响牛床橡胶垫的使用寿命，严重的可直接引发奶牛肢蹄病。因此专家建议，牛床橡胶垫在铺设之初就需在底层喷洒一层杀虫剂，这样可以大大降低细菌繁衍的速度。其次在使用一段时间以后，需要定期的用水冲洗，放置阳光底下，进行晾晒、杀菌处理。

牛舍橡胶垫见图 4-35。

图 4-35　牛床橡胶垫

17. TMR 牛场防止奶牛热应激的原因？

热应激(heatstress)是家畜在高温条件下所表现出的一系列的异常反应。

①热应激会降低产奶量 15%～40%。

②降低乳脂率。

③削弱繁殖性能。由于发情期间的活动减少，导致受胎率降低；降低卵泡活动；早期胚胎死亡。

④热季期间健康问题的易感性增加，热应激导致患病奶牛病程延长。

⑤干物质采食量下降，奶牛摄入的能量用于产奶的效率下降。

⑥妊娠最后 3 个月处于热季期间的干奶牛所产犊牛的初生重降低，产后代谢疾病增多，随后泌乳期产奶量降低 12%左右。

18. TMR 牛场有什么办法可以缓解奶牛热应激？

以下措施可以有效缓解热应激：①搭建凉棚，应确保屋顶进行了隔热保温处理。②牛舍配套风扇和喷淋。③对奶牛提供清凉饮水。④调整饲料精粗比。⑤提高能量和蛋白质水平，使用过瘤胃脂肪。⑥提高维生素、微量元素添加量。⑦注意补充钠、钾、镁。⑧采用全混合日粮饲喂技术。⑨调整饲喂作息时间。

图4-36　架设了喷淋降温系统的牛舍

通常在夏季日间温度超过33℃,且夜间温度超过25℃的天数超过25天的地区使用喷淋降温措施(图4-36)。使牛只在全身湿透一干燥的过程中达到降温目的,降温首先通过牛的身体直接接触水实现,其次通过水从牛的身体上蒸发实现,通常情况下,喷淋系统启动3分钟并让牛只湿透后停止12分钟,让牛只身体完成(蒸发)干燥的(降温)过程。

牛舍喷雾降温见图4-37。

图4-37　通过造雾装置向空气中注入水分

19. TMR牛场粪尿污水如何处理?

牛场粪尿污水处理应采取三级排水、固液分离的方式。畜舍粪便清除通常采用机械消除和水冲清除。

(1)机械清除　当粪便与垫料混合或粪尿分离,呈半干状态时,常采用此法。清粪机械包括人力小推车、地上轨道车、单轨吊罐、牵引刮板、电动或机动铲车等。

采用机械清粪时，为使粪与尿液及生产污水分离，通常在畜舍中设置污水排出系统，液形物经排水系统流入粪水池贮存，而固形物则借助人或机械直接用运载工具运至堆放场。这种排水系统一般由排尿沟、降口、地下排出管及粪水池组成。为便于尿水顺利流走，畜舍的地面应稍向排尿沟倾斜。

①排尿沟：排尿沟用于接受畜舍地面流来的粪尿及污水，一般设在畜栏的后端，紧靠除粪道，排尿沟必须不透水，且能保证尿水顺利排走。排尿沟的形式一般为方形或半圆形。乳牛舍宜用方形排尿沟，也可用双重尿沟，排尿沟向降口处要有1%～1.5%的坡度，但在降口处的深度不可过大，一般要求牛舍不大于15厘米。

②降口：通称水漏，是排尿沟与地下排出管的衔接部分。为了防止粪草落入堵塞，上面应有铁篦子，铁篦子应与尿沟同高。在降口下部，地下排出管口以下，应形成一个深入地下的伸延部，这个伸延部谓之沉淀井，用以使粪水中的固形物沉淀，防止管道堵塞。在降口中可设水封，用以阻止粪水池中的臭气经由地下排出管进入舍内。

③地下排出管：与排尿管呈垂直方向，用于将由降口流下来的尿及污水导入畜舍外的粪水池中。因此需向粪水池有3%～5%的坡度。在寒冷地区，对地下排出管的舍外部分需采取防冻措施，以免管中污液结冰。如果地下排出管自畜舍外墙至粪水池的距离大于5米时，应在墙外修一检查井，以便在管道堵塞时进行疏通。但在寒冷地区，要注意检查井的保温。

④粪水池：应设在舍外地势较低的地方，且应在运动场相反的一侧。距畜舍外墙不小于5米。须用不透水的材料做成。粪水池的容积及数量根据舍内家畜种类、头数、舍饲期长短与粪水贮放时间来确定。粪水池如长期不掏，则要求较大的容积，很不经济。故一般按贮积20～30天、容积20～30米^{3}来修建。粪水池一定要离开饮水井100米以外。

(2)水冲清除 这种办法多在不使用垫草，采用漏缝地面时应用。其优点是：省工省时，效率高。缺点是：漏缝地面下不便消毒，不利于防止疾病在舍内传播；土建工程复杂；投资大，耗水多，粪水贮存、管理、处理工艺复杂；粪水的处理、利用困难；易于造成环境污染。此外，采用漏缝地面，水冲清粪易导致舍内空气湿度升高，地面卫生状况恶化，有时出现恶臭、冷风倒灌现象，甚至造成各舍之间空气串通（图 4-38）。

图 4-38 水冲粪尿

这种清粪系统，由下述几部分组成。

①漏缝地面：所谓漏缝地面，即是在地面上留出很多缝隙。粪尿落到地面上，液体物从缝隙流入地面下的粪沟，固形的粪便被家畜踩入沟内，少量残粪用人工略加冲洗清理。漏缝地面比传统式清粪方式，可大大节省人工，提高劳动效率。漏缝地面可用各种材料制成。在美国，木制漏缝地面占 50%，混凝土制的占 32%，用金属制的占 18%。但木制漏缝面板很不卫生，且易于破损，使用年限不长。金属制的漏缝地易遭腐蚀、生锈。混凝土制的经久耐用，便于清洗消毒，比较合适。也有用塑料漏缝地面的，它比金属制的漏缝地面抗腐蚀，且易清洗。

②粪沟：位于漏缝地面下方，其宽度不等，视漏缝地面的宽度而定，从 0.8 米到 2 米；其深度为 0.7～0.8 米；倾向粪水池的坡度为 0.5%～1%。

水冲清粪由于耗水量多，粪水贮存量大，处理困难，生产中为节约用水可采取循环用水办法。不过循环用水可能导致疫病的交叉感染。此外，也可采用水泥盖板侧缝形式，即在地下粪沟上盖以混凝土预制平板，平板稍高于粪沟边缘的地面，因而与粪沟边缘形成侧缝。家畜排的粪便，用水冲入粪沟。这种形式造价较低，且不易伤害家畜蹄部。

③粪水池（或罐）：粪水池（或罐）分地下式、半地下式及地上式3种形式。不管哪种形式都必须防止渗漏，以免污染地下水源。此外，实行水冲清粪不仅必须用污水泵，同时还需用专用槽车运载。而一旦有传染病或寄生虫病发生，如此大量的粪水无害化处理将成为一个难题。许多国家环境保护法规规定，畜牧场粪水不经无害化处理不允许任意排放或施用，而粪水处理费用庞大。运动场应在三面设排水明沟，并向清粪通道一侧倾斜，在最低的一角设地井，保证平时和汛期排水畅通。挤奶厅是排水最多的部位，其排水问题尤为重要。应设专门的地下排水管道，并每隔一段设一沉淀井，以防堵塞。

20. TMR 牛场使用刮粪板的优点？

刮粪板是科学处理奶牛粪的方式，使奶牛获得良好的生活环境，增强其免疫功能，保证了牛奶安全。刮粪板从驱动形式上可分两种：液压式和机械式刮粪板。液压式刮粪板由液压泵产生动力，推动油缸，油缸带动可活动的刮板在牛圈里进行工作。而机械式是以减速电机驱动链条或钢丝绳带动刮粪板循环工作。刮粪板的好处首先是可靠性高、安静、没噪声，在不影响牛的生活下就能工作。以一套清粪系统刮100米牛舍为例，刮板移动速度4米/分钟，刮板完整运行1次只需50分钟就可以实现舍内的清洁，给牛一个清洁舒适的环境，而耗电量7度左右（图4-39）。

图 4-39　自动刮粪板应用

21. TMR 牛场如何绿化?

(1)绿化作用　美化场区环境,改善小气候,净化空气,防止尘埃、噪声,防火,利于防疫、防污染(图 4-40)。

图 4-40　牛场环境绿化

(2)绿化种类

①防护林:种植场区四周,多以乔木为主。注意缺空补栽,维持美观。

②路边绿化:夏季遮阴,防止道路被雨水冲刷,多以乔木为主。

③遮阴林:运动场周围,房前屋后,注意不影响通风采光。

五、TMR 饲喂制度

1. 牛的生物学特性?

牛分为乳用型、肉用型、兼用型、役用型。乳用型多为荷斯坦奶牛,肉用型为西门塔尔牛(西门塔尔牛为乳肉或乳肉役兼用品种)、利木赞、皮埃蒙特牛、安格斯、夏洛莱、海福特。牛生物特性:青饲料为主、反刍、嗳气、食管沟反射、微生物消化;群居性;世代间隔长;繁殖率低等特性。牛的消化道主要包括:口腔、食管、瘤胃、网胃、瓣胃、皱胃、小肠、盲肠、大肠和直肠(图 5-1)。

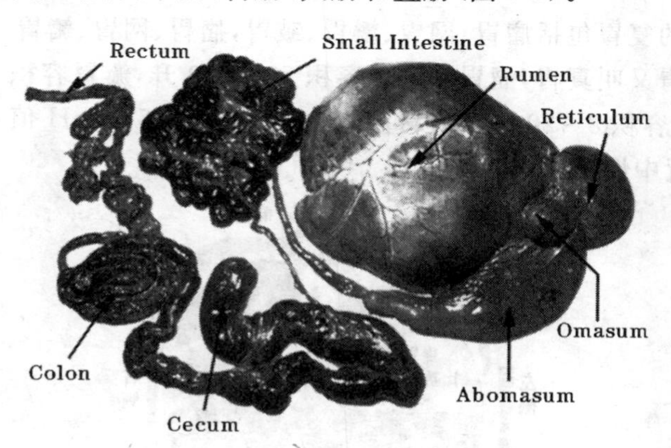

图 5-1 成年牛消化器官示意图

注:Rectum——直肠,Smallintestine——小肠,Rumen——瘤胃,Reticulum——网胃,Omasum——瓣胃,Abomasum——真胃,Cecum——盲肠,Colon——回肠。

牛的采食特点是牛无上门齿,采食粗糙、速度快;牛舌头表面有角质化的倒钩状乳头,采食时,饲料中塑料薄膜、玻璃、铁丝、铁钉等异物不会吐出，草料不经咀嚼咬碎即咽下，每天采食时间为6～7 小时。奶牛的正常体温是 37℃～39℃。奶牛每昼夜反刍时间 7～8 小时。奶牛妊娠期一般为 280～285 天，平均为 283 天。成年牛 1 天排粪约 30 千克，占采食量的 70%，排尿约 22 千克，占饮水量的约 30%。成年牛 1 年排粪约 11 吨，排尿约 8 吨。公牛体重为 900～1100 千克，母牛体重为 550～600 千克，初生犊牛体重为 35～40 千克。奶牛有喜凉厌热的特点的主要原因：牛汗腺不发达，汗腺集中于鼻镜处；单位体重的体表面积小，有利于热的保存，不利于热的散发；饲料在牛瘤胃中发酵和产奶过程中产生大量的热。奶牛适宜的温度是 9℃～21℃。

2. 牛的复胃结构和特点？

牛的复胃包括瘤胃、网胃、瓣胃、皱胃，瘤胃、网胃、瓣胃统称前胃。皱胃又叫真胃，瘤胃和网胃容积 50～200 升，瓣胃容积 7～18 升，真胃容积 8～20 升。瘤胃温度为 39℃～39.5℃，pH 值 6.6～7.0 接近中性（图 5-2）。

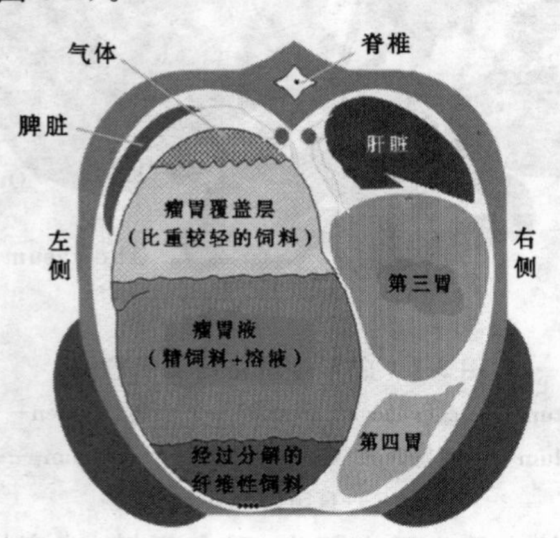

图 5-2　牛腹腔横截面图

3. TMR 饲养管理器具？

无论规模大小，管理器具必须备齐，管理用具种类很多，主要的有：牛刷拭用的铁毛刷，拴牛的鼻环、缰绳，清扫畜舍的叉子、三齿叉、运料车、清粪车、扫帚，测体重的磅秤、耳标、削蹄用的短削刀、镰、无血去势器、体尺测量器械等(图 5-3)。

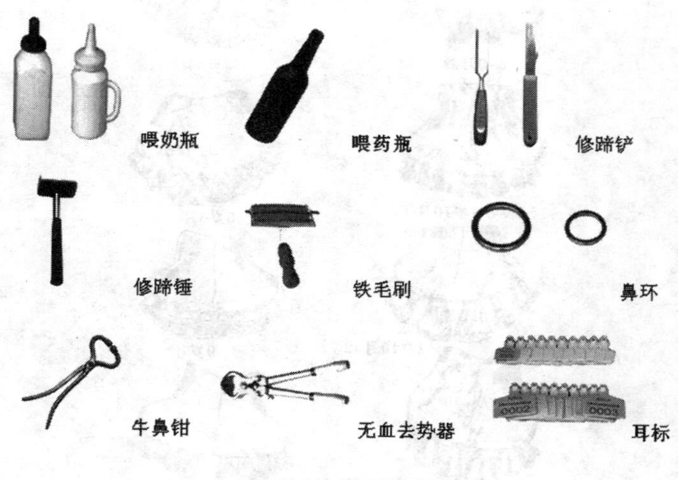

图 5-3 管理器具

4. 奶牛年龄辨别方法？

奶牛年龄辨别方法有 3 种，分别是角轮鉴定法、牙齿鉴定法、外貌鉴定法。2 岁一对牙，3 岁二对牙，4 岁三对牙，5 岁新齐口，6 岁永久隅齿前缘开始磨损老齐口，7～8 岁看齿线，9 岁一对星，10 岁二对星，11 岁三对星，12 岁满口星，13 岁以上看不清(图 5-4)。

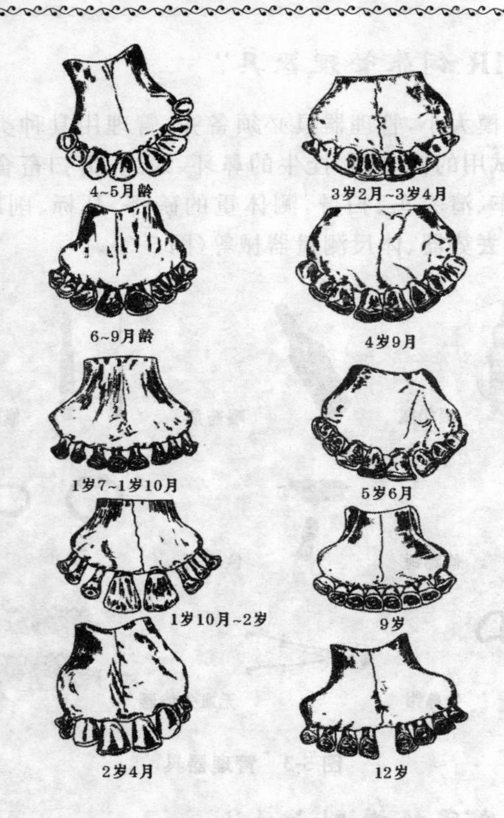

图 5-4　牛牙齿与年龄对应图

5. 不同生理阶段奶牛生产周期是怎样的?

优良奶牛的外貌特点为皮薄骨细,血管明显,被毛短而有光泽,肌肉不甚发达,皮下脂肪沉积不多,胸腹深宽,后躯和乳房十分发达,细致紧凑型表现明显,从侧望、前望、上望均呈楔形。腹下乳静脉发达,乳房毛细短、乳房皮下乳静脉明显。不同生理阶段的奶牛生理特点也不同。后备母牛各阶段的划分:犊牛哺乳期(初生至

60 天)；犊牛期(61～180 天)；发育牛(181 天至 14～18 月龄)；育成牛(配种至初产)；成年母牛生产周期是指 2 次产犊的间隔时间。按泌乳划分为泌乳期和干奶期(图 5-5)；按繁殖划分为配种期和妊娠期。

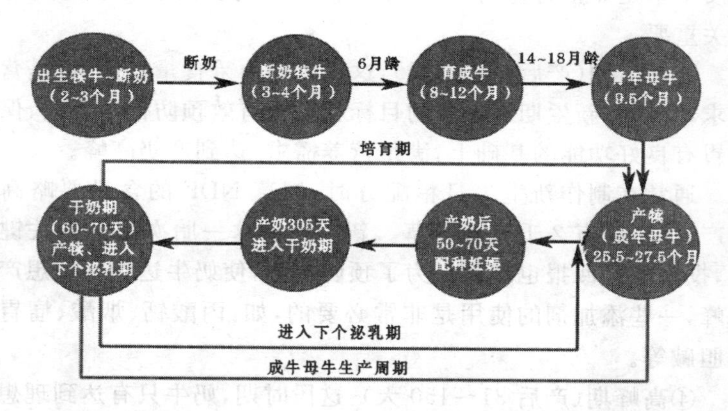

图 5-5 不同生理阶段奶牛生产周期

成年泌乳牛的 TMR 饲养管理尤为重要，泌乳牛又可详细分为以下几个时期。

①头产青年牛：头胎青年牛如果能单独分群饲养能够有效提高产奶量(5%～10%)，这一方面由于营养因素，另一方面由于牛群社会因素。头胎青年牛产奶量略低于高产奶牛，干物质采食量也略低于高产牛。现在饲养的最主要目标就是培养高产群，因此头胎青年牛培养目标主要是体型。

②围产前期(产前 2～3 周)：围产前期，奶牛的干物质采食量下降(大体型牛 10.5 千克/天)，可是由于胎儿的生长及泌乳的临近，奶牛对蛋白质和能量总量的需求却在增加。必须使用围产前期料，目标就是满足营养需求、调整瘤胃微生物及瘤胃柱状绒毛(它可以吸收瘤胃中的挥发性脂肪酸)的生理功能，以便能够在精料比例增大，采食量波动不定、下降的情况下瘤胃能有较好的功

能。要注意日粮的适口性，日粮应该含 15%的粗蛋白质、0.7%钙、0.3%磷、32%～34%的非结构性碳水化合物（3～3.5 千克的谷物）、适当长度的有效纤维，每天每头牛日粮中供给 2.25 千克的优质干草是非常有益的，日粮中平衡的矿物质元素对预防产褥热至关重要。

③新生期（产后 0～30 天）：这一时期牛采食量较低，可是营养需求却较高，新生期最主要的目标就是在有效预防代谢疾病、保持瘤胃有良好功能的基础上，满足营养需求，达到产奶高峰。

通常在制作新生牛日粮配方时，饲草 NDF 的含量要略高于高产日粮，应有 2 千克长干草。新生期是这一胎次泌乳的关键时期，投入越高回报也越大。为了预防酮病，使奶牛达到一理想产奶高峰，一些添加剂的使用是非常必要的，如：丙酸钙、烟酸、瘤胃保护胆碱等。

④高峰期（产后 31～150 天）：这段时期，奶牛只有达到理想的采食高峰才能有理想的产奶高峰，饲养的目标就是在维持产奶高峰的同时使奶牛适时配种。日粮中必须给奶牛提供合适比例的有效纤维以满足高产的需要，精粗比例掌握在 60∶40 左右，粗蛋白质水平 16%～18%，钙 1%、磷 0.52%。

⑤泌乳中期（151～210 天）：此段时期奶牛已经怀胎，产奶量逐渐下降。如果饲喂不足就会导致产奶损失，但是过度饲喂也是非常有害的，一方面会造成浪费，另一方面过肥容易在下一胎发生代谢病，影响产奶量。应视牛群的生产水平确定精粗比例（50～45）∶（50～55），粗蛋白质水平 16%左右。

⑥产奶后期（211～305 天）：由于产奶量的下降奶牛对营养的需求也在下降，日粮中应该提高粗饲料的比例，精粗比为（30～35）∶（70～65），粗蛋白质水平 14%左右，主要的目标就是预防奶牛过肥。

⑦干奶期：干奶期主要是为下一泌乳期做准备，为了控制奶牛体况、恢复瘤胃功能，提供一些长干草是非常有必要的。应该给奶

牛提供矿物质元素平衡、蛋白质充足的日粮。

6. TMR 牛场犊牛饲养管理要点是什么？

(1)0～2 月龄犊牛的饲养要点 采用早期断奶法进行饲养，犊牛采用单栏饲喂。

(2)3～6 月龄犊牛的饲养要点 犊牛配合料配方如表 5-1。

表 5-1 几种犊牛配合料配方

配方原料	一	二	三	四
豆饼(%)	20～30	15	20	20
玉米(%)	40	32	48	25
高粱(%)	—	—	—	10
燕麦(%)	5～10	20	20	—
麸皮(%)	—	—	—	10
鱼粉(%)	5～10	10	8	5～10
糖蜜(%)	4	20	3	5～10
苜蓿草粉(%)	3	—	—	5
油脂(%)	5～10	—	—	—
维生素矿物质(%)	2～3	3	1	5

3～6 月龄的日粮供给量：犊牛料 2 千克，干草 1.4～2.1 千克或青贮 3～6 千克。2 月龄开始饲喂青贮料 0.01～0.015 千克，3 月龄时 1.5～2.0 千克，4～6 月龄时 3～6 千克。

7. 犊牛的管理技术有哪些？

要做好犊牛断脐、去角，编号，建档，饮水，运动，卫生防疫，防暑防寒，刷拭等方面的工作(图 5-6)。

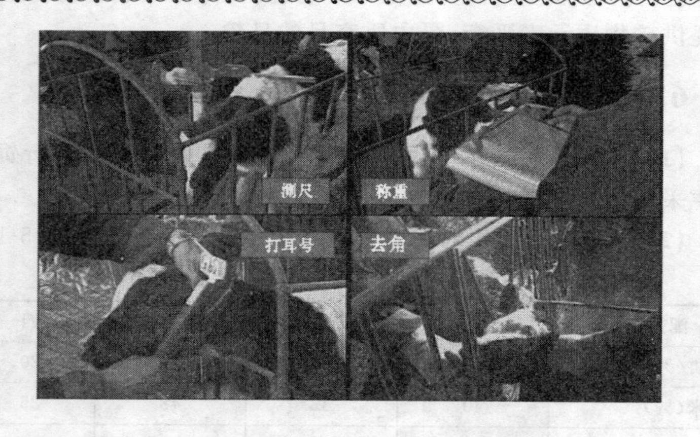

图 5-6　犊牛测量体尺、去角、编号、称重图

(1)犊牛断脐带　犊牛出生后，马上在离犊牛腹部 8～10 厘米处，两手夹紧脐带，用力揉搓 2～3 分钟，在揉搓处的远端处用消毒的剪刀剪断脐带，然后把脐带放入 5%碘酊中浸泡 1～2 分钟(图 5-7)。

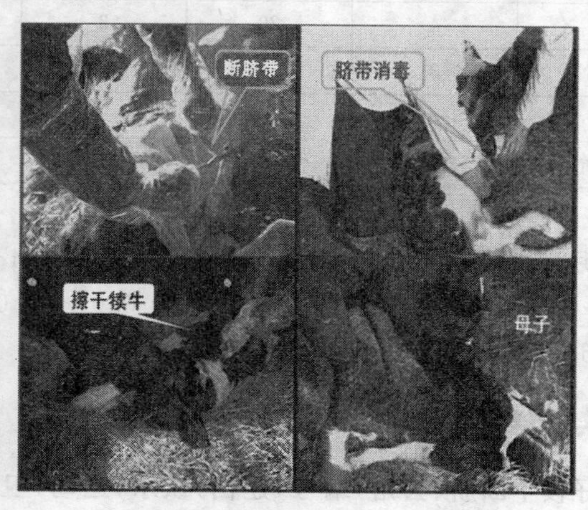

图 5-7　犊牛断脐带示意图

(2)哺乳　对于产奶量高的兼用牛，犊牛采取人工哺乳(图 5-

8)。前 3 天喂足初乳。

当犊牛吸吮指头时,慢慢将桶提高使犊牛口紧贴牛乳而吮饮,习惯后则可将指头从口拔出,并放于犊牛鼻镜上,如此反复几次,犊牛便会自行哺饮初乳,喂奶方案采用前期喂足奶量,后期少喂奶,多喂精粗饲料。奶壶应注意卫生(图 5-9)。

图 5-8　犊牛人工哺乳

图 5-9　奶壶注意卫生

(3)犊牛断奶　当犊牛日采食固体料达 2 千克左右,且能有效地反刍时,便可断奶,并加强日常护理。在预定断奶前 15 天,要开始逐渐增加精、粗饲料喂量,减少牛奶喂量。日喂奶次数由 3 次改为 2 次,2 次再改为 1 次,然后隔日 1 次。

(4)补饲　1 周龄开始训练饮用温水。犊牛在 20 日龄时开始每天喂 20 克青绿多汁饲料如胡萝卜等。1 周龄开始,在牛栏的草架内添入优质干草(如豆科青干草等),训练犊牛自由采食。

(5)日常管理　勤打扫,勤换垫草,勤观察,勤消毒,喂奶时观察食欲,运动时观察精神,扫地时观察粪便。犊牛适度运动增进健康。

每天刷拭牛体 1～2 次。冬天牛床和运动场上要铺放麦秸或锯末等垫物。夏季运动场宜干燥、遮阴,并且通风良好。

8. 提高犊牛的成活率的措施有哪些?

加强妊娠后期母牛的饲养管理,是奠定犊牛成活的体质基础;充分利用初乳,提高犊牛成活率;科学哺乳注意哺乳用具,犊牛栏单栏饲喂(图 5-10)、犊牛体卫生;适时接种瘤胃微生物;加强犊牛运动,增强抗病能力;做好防寒防暑工作。

图 5-10　犊牛栏单栏饲喂

9. TMR 牛场育成牛饲养管理要点是什么?

育成牛的饲养管理直接关系到牛的生长发育和其后的生产性能优劣;同时,也是减少生产总投入、降低饲养成本的重要时期。

(1)育成奶牛的饲养　育成母牛 6 月龄至 1 周岁前是性成熟期,在饲养上要求供给足够的营养物质,除给予优质的干草、牧草和多汁饲料外,前期还须适当补充一些精饲料,从 9～10 月龄起,可增大秸秆、谷糠的用量,同时每天可喂适量的尿素作蛋白质补充(图 5-11)。

12～18 月龄的育成母牛,体躯接近成年母牛,以粗饲料和多汁饲料为主,其比例约占日粮总量的 80%,并可喂尿素 60～100

图 5-11 育成牛群饲喂

克，补充蛋白质的不足。

18～24 月龄的育成母牛，已开始交配，体内容易贮积过多的脂肪。因此，对这阶段的育成母牛，应适当控制精料的喂量，以免牛体过肥，造成不孕。在此期间，保证品质优良的干草、青草、青贮料和块根块茎饲料的供应，精料少喂。但到妊娠后期，体内胎儿生长迅速，则须每日补充适量的精料。

在有放牧条件的情况下，育成母牛应以放牧为主，在优良的草地上放牧，可少用精料 30%～50%；但如草地质量不好，则不能减少精料；放牧回舍，如未吃饱，仍需补喂干草和多汁料。

(2)育成牛的管理 犊牛满 6 月龄后，应转入青年牛群，并将公、母牛分群饲养，同时加强运动和经常刷拭，以增强体质，促进健康。对于育成母牛的管理，还要注意适时配种(生后 16～18 月龄、体重达 350 千克便可配种)。在 1 岁左右或更早些便开始按摩乳房，每天按摩 5～10 分钟，其目的是促进乳腺生长发育，提高产奶量。在育成期间要训练拴系、定槽、认位，以适应日后挤奶管理。对所有的育成牛，均应注意保证清洁的饮水，圈舍清洁卫生和搞好防疫。

10. TMR 牛场成年母牛饲养管理要点是什么？

(1)工作要点 保证牛舍环境干燥、清洁、温暖、舒适。保证牛体表洁净。掌握好成年母牛不同生产阶段的饲喂量。

(2)饲养员岗位职责 提供新鲜充足的饲料及干净充足的饮水。保持清洁、干燥、温暖、无贼风的生产环境。严格遵守卫生防疫制度。了解牛群状况,发现问题及时上报。协助兽医对成母牛进行治疗。牛群周转合理,及时调群转群。爱护生产设备,及时维修整理。节约使用水、电、料、煤等资源。按防疫规定处理病死牛。

(3)操作规程 成年母牛产前 15 天,在干奶期每日喂给奶牛精料 1～2 千克的基础上,每天增加精料 0.5 千克,当精料达到母牛体重的 1%～1.5%时,停止增加精料,直到分娩。

奶牛产后 1 小时内,饮温热麸皮盐钙汤 10～20 千克(麸皮 500～1 000 克、食盐 50～100 克、磷酸钙 50 克、水 10～20 升)。

奶牛产后 3 天内,减少精料饲喂量,精料从 0.5 千克给起。产后喂给优质的粗饲料,逐渐增加青贮饲料。

奶牛泌乳阶段精料的给量按每增加 1 千克奶,增加 480 克精料的比例增加,直到再增加精料奶量不增加时,精料的给量维持到产奶量下降,每下降 1 千克奶就减少 480 克精料。粗饲料自由采食,要供给优质的粗饲料。精粗饲料比例高的可达 60∶40,精料比例最高不能超过 70%。

成年母牛产前 1～2 周食盐应控制在 0.3%;禁喂发霉变质、冰冻、多汁的饲料。奶牛产后头遍初乳,挤奶量一般为 2 千克左右,第四天根据奶牛的体况,把初乳挤净。奶牛产后 60 天配种。注意奶牛乳房炎的发生,可在干奶期注射疫苗。经常刷拭牛体。做好生产记录。

干奶是指人为停止挤奶,使泌乳母牛终止本胎次泌乳,一般是在预产期前 60 天进行(幅度为 45～75 天),这样停止泌乳到下一胎产犊之间这段时间称干奶期。干乳期是指成年母牛在 2 个泌乳期之间不分泌乳汁的时期。

干奶期的饲养分为 3 个阶段:第一阶段,干奶前期(1～2 周);

第二阶段，产奶结束到产犊前 2 周；第三阶段，产犊前 2 周。第一、第二阶段，日粮以粗饲料为主，控制精饲料，苜蓿干草和玉米青贮的喂量，严禁喂块根、块茎类饲料，适当减少糟渣类饲料。母牛干奶最初日喂 0.5～2.0 千克精料。第三阶段（产犊前 2 周），按产前 15 天的饲养方法饲养。

六、TMR 饲喂效果的检测

1. 如何根据奶牛膘情评分结果调整 TMR 饲料配方?

奶牛膘情评分是指奶牛皮下脂肪的相对沉积。为了测定这部分的皮下脂肪,已开发了 5 分制评定系统。奶牛膘情评分是提高产奶量和繁殖效率,并同时降低代谢疾病和其产前产后疾病的重要的管理工具。牛群总体膘情低(小于 3.0)要提高 TMR 饲料的营养含量,过高(大于 4.0)要降低 TMR 饲料的营养含量。一般奶牛评分 3～4 适宜,体膘膘度过低的奶牛很可能缺乏持续力,并导致产奶量低下。偏瘦的奶牛没有足够的能量储备以用于有效的繁殖。产犊时过于肥胖经常导致采食量下降,并易在产犊时出现代谢疾病(如酮病、真胃移位、难产、胎衣不下、子宫内膜炎和卵巢囊肿)。

为了跟踪奶牛膘情变化,应对奶牛膘情每月评定 1 次。理想的话,产后 30 天内,80%的奶牛的膘情评分的下降幅度不应超过 0.5～1.0 分。如果在泌乳早期奶牛膘情下降过大(如大于 1.0),则不利于奶牛的健康,并导致繁殖效率低下及泌乳高峰产奶量不高。

当成母牛不再处在能量负平衡(产后 50～60 天)时,它将每周增重 2～2.5 千克,因而要使奶牛体膘完全恢复,大约需 6 个月时间。头胎奶牛,由于仍处在生长发育阶段,因而需额外增重 14～18 千克。1 分膘情评分大约＝55 千克体重。

理想的体膘评分使得奶牛在泌乳早期即使处在能量负平衡状

态,仍能达到较高的高峰产量。体膘良好的奶牛能保持正常的新陈代谢,因而减少了代谢疾病的发病率。为了确保奶牛在产犊时处在良好的健康状况,我们管理的目标为:奶牛在干奶时就达到理想的膘度评分为 3.5,这样的话,干奶期就主要应关注体膘恒定、乳腺系统的收缩、复原及胎儿的良好生长。

奶牛膘情体况评分见图 6-1。

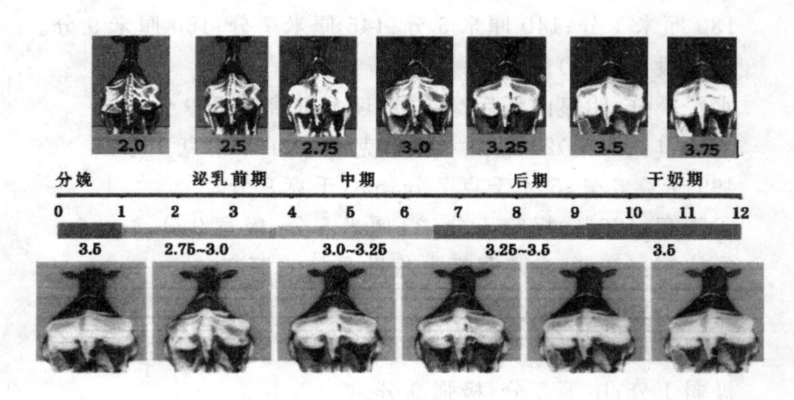

图 6-1　奶牛体况评分(BCS)示意图

2. 如何根据荷斯坦奶牛外貌鉴定结果调整 TMR 饲料配方?

我国线性鉴定有 2 种评分方法,即 50 分制(美国)和 9 分制(加拿大)。但不论是哪种,它们都按线性尺度,从一个生物学极端向另一个生物学极端变化的表现程度来鉴定奶牛体型,自 1994 年中加奶牛综合育种项目在中国执行以来,大家都逐步采用加拿大的 9 分制,并取得了一定的效果。1999 年 2 月,国际公牛组织第一次采用生产性能和体型来计算 MACE(Multi-trait Across Country Evaluation)多性状全球评估法评定,这使得加拿大的评分方式成为国际线性鉴定的先驱者。

这里注重强调加拿大的评分方式头胎牛标准，因为头胎牛被鉴定为好＋(83 分)，那么在以后它成为优秀母牛，并且头胎牛是评价公牛最有效的牛群。

(1)体躯结构(占总分 20%)

①体高：(20%)十字部高度，对于 25～30 月龄母牛：

130 厘米 1 分；140 厘米 5 分；145 厘米 7 分；150 厘米 9 分。

②前段：(10%)

水平 5 分；明显前低后高 1 分；明显前高后低 9 分。

③体重：(20%)24 月龄 408 千克 1 分；454 千克 3 分；

499 千克 5 分；544 千克 7 分；590 千克 9 分。

④胸宽：(20%)极窄 1 分；25 厘米 5 分；极宽 9 分。

⑤体深：(20%)参考最后一根肋骨处的深度。

极浅 1 分；中等 5 分；极深 9 分。

⑥腰强度：(10%)背部与尻部之间的强度。

极弱 1 分；中等 5 分；极强 9 分。

(2)尻部(占总分 10%)　一般要求长、平、宽。

①尻部：(50%)两坐骨端之间的宽度。

15 厘米 1 分；20 厘米 5 分；24 厘米 9 分。

②尻角度：(50%)坐骨端与腰角的相对高度或倾斜度。

水平为 3 分；5°为 5 分；10°为 9 分。

(3)肢、蹄(占总分的 16%)

①蹄角度：(30%)

25°为 1 分；45°为 5 分；55°为 9 分；

②骨质：(40%)极粗 1 分；中等 5 分；极细致 9 分。

③后肢侧视(30%)：

直飞为 1 分；145°为 5 分；曲飞为 9 分；一般认为偏直飞节要比偏内飞节持久力高多。

(4)泌乳系统(占总分40%)

①乳房深度:乳房底部至飞节距离。

低于飞节5厘米1分;高于飞节13厘米5分;高于飞节22厘米9分。

②乳房质地:肉质型1分;半腺质5分;腺质9分。

③悬韧带:

中隔深1厘米1分;中隔深3.5厘米5分;中隔深8厘米9分。

④前乳房附着:极弱1分;中等5分;极强9分。

⑤前乳头位置:极外1分;中央5分;极内9分。

⑥前乳头长度:3厘米1分;5厘米5分;9厘米9分。

⑦后乳房附着高度:乳腺组织上缘至阴门基部距离。

28厘米1分;21厘米5分;17.5厘米9分。

⑧后乳房宽度:乳腺组织上缘宽度

7厘米1分;14厘米5分;24厘米9分。

⑨后乳头位置:极外1分;中央5分;极内9分。

⑩乳用特征:综合性,一般用肋骨开张,肋间宽(最后两肋骨间距离,2指半为中等,3指以上优秀)。

粗重1分;中等5分;极清秀9分。

对以上五大类进行评定时,还有相对的缺陷要鉴定并要有准确的产犊时间、出生时间,以便计算机分析,最后会得出该牛的等级评分。

优秀:90分;非常好:85～89分;好:80～84分;较好:75～79分;一般:65～74分;差<65分。

通过对整个牛群的评定,我们把数据通过输入计算机,就可以得到每头牛的分析结果,最后可以对使用过的所有公牛进行分析,并且可以分析出哪些奶牛具有高产潜力,对于体况评分高的奶牛要适当增加TMR饲料的营养含量,一般发挥生产潜力,并且以此为依据组建奶牛核心群。

3. 如何根据空槽综合征评定结果调整 TMR 饲喂制度？

TMR 饲养条件下要记录每天每槽的采食情况、奶牛食欲、剩料量等，以便于及时发现问题，防患于未然。每次饲喂前应保证有 3%～5% 的剩料量，还要注意 TMR 日粮在料槽中的一致性（采食前与采食后）和每天保持饲料新鲜。

空槽综合征（Empty Bunk Syndrome）就是奶牛在限定的时间，饲槽中没有饲料，在长时间后才喂给奶牛饲料，从而使奶牛代谢紊乱从而产生疾病。当然饲料也不是喂得越多越好，在现场评估一下牛舍的饲槽情况是一个很好的方法。

在散放式牛舍，应检查所有的饲喂区，在拴系式牛舍，牛头前面的所有饲槽也应全部进行检查。检查饲槽的最佳时间是下一次饲喂之前 1 小时，使用的最典型的评分系统如表 6-1。

表 6-1 饲槽剩料评分

评 分	描 述
0	没有饲料
1	只有一点点饲料（少于饲喂饲料的 5%）
2	薄薄的一层饲料（5%～10% 的饲料）
3	5～8 厘米厚的饲料（约占喂下去的料的 25%）
4	饲槽中饲料厚度超过 8 厘米（50% 的饲料）
5	饲料没有动过

0～1 分表明牛群饲料喂量不足，为了最大限度地提高饲料摄入量，这一问题必须解决。任何时候如果奶牛连最后 5% 的饲料都不放过，则说明如果不是所有奶牛，至少有部分奶牛还没有吃饱（处在饥饿状态）。

看一下最后的 5%的饲料，会经常发现其中有部分粗料，或适口性不佳，或变质，或质量不好。奶牛通常会把这部分饲料分开，如果饲槽中饲料充足，奶牛往往不会去吃这部分饲料，当奶牛不得不去吃这部分饲料时奶牛肯定是饿了。这部分饲料难以消化，因而本身就影响采食量。如果出现这种情况，应增加饲料喂量 5%或更多，直到评分为 2 分时为止。如果每天的饲料喂量调整幅度超过 5%，则应检查一下粗料干物质及饲喂方案。

如果在下一次喂料前 0.5～1 小时检查时评分为 2，则比较理想，评分为 3 表明饲料喂量太多。如果出现这种情况，则应清理干净饲槽，并减少饲料喂量 5%，同时也应检查一下粗料干物质及饲喂方案以了解到底是什么原因造成饲槽中剩料过多。饲料陈旧、发霉或饲料混合不当往往是造成上述情况的原因。评分 4 或 5 表明饲料大大过量，营养配方人员应对饲料配方加以改进。

4. TMR 散栏饲养条件下牛只发情如何早发现？

在散栏饲养条件下，牛只昼夜自由活动，没有固定的床位，对发情检查带来一定的困难，除加强配种人员责任心，增加发情观察次数外，还必须引进新技术、新办法。国外已采用电脑监控跟踪摄像或用试情牛、同步发情技术等。

5. TMR 牛场应用奶牛生产性能测定(DHI)的意义？

近年来随着人们对牛奶的保健作用认识的不断深入，市场对优质牛奶的需求与日俱增，迎来了养牛业蓬勃发展大好时机，全国各地奶牛场的数量和规模逐步提高，并不断从国外引进大量奶牛。但单纯的数量增加，不一定能够产生养牛效益的不断增长，只有不断提高奶牛的遗传素质、提高牛奶的质量、提高奶牛的整体单产水平、提高牛奶质量才是牛场生存发展的核心竞争力，在我国实行奶牛牛群改良是实现以上目的根本途径和渠道。

奶牛牛群改良(DHI，Dairy herd improvement)在国际上通常用以代表奶牛生产性能测定体系奶牛牛群改良的基础工作是对个体牛进行生产性能测定，建立完整的牛奶记录体系。DHI 测试对象为产后 5 天至干奶这一阶段的泌乳牛，泌乳期间内每月 1 次产奶量，间隔 26～33 天。采集每头泌乳牛奶样，进行产奶量记录、乳成分分析以及体细胞计数等，它是奶牛育种工作的基础，通过 DHI 测试的数据，作为评估公牛遗传素质的依据。同时，通过对 DHI 测试的数据分析，可以了解牛群的饲养管理水平和生奶质量水平，作为改进饲养管理工作的依据。

国外奶牛生产先进国家，早在 19 世纪末就开始进行 DHI 测试工作，实施奶牛群改良方案(DHIP)，使牛群的遗传水平和生产性能持续提高。发达国家奶牛育种实践证明，DHIP 是一套行之有效的育种措施，DHI 已成为奶牛群改良科学化、规范化的标志。我国 DHI 系统创立于 1994 年，是由中国—加拿大奶牛综合育种项目在上海、西安、杭州三地分别建立起了牛奶监测中心实验室。1995 年西安市奶牛繁育中心已经开始这方面的工作，并为陕西、新疆、甘肃等 7 个省(自治区)的 30 多个奶牛场提供 DHI 服务。1999 年 5 月，中国奶协成立了全国 DHI 工作委员会，以促进这一新技术在中国的推广应用。加快奶牛生产的数字化、智能化和网络化管理系统建设对奶牛场实施微机管理，这将有利于 TMR 饲养技术的实施。以 DHI 测定为代表的奶牛生产数字化管理体系对奶牛生产性能进行准确测评，从而为顺利实施 TMR 技术提供了科学依据。TMR 饲养技术可以简化饲养程序，加快工作效率；通过 DHI 测定结果分析能发现奶牛场中存在的问题并及时解决；而配方管理软件的应用可以使奶牛场的饲料配方更加科学，提高奶牛产量。由于测试手段的进步和电脑的应用，目前奶牛生产性能测定工作已实现专业化、现代化，一般由独立的 DHI 实验室来完成，既达到了测定和计算的快速、准确，又是由第三方测定，保证了测定数据的客观、中立和权威性。

6. 奶牛生产性能测定(DHI)主要指标有哪些？

①牛号、分娩日期、泌乳天数、胎次。

②HTW：牛群测定奶量，牛群牛只平均产奶量。

③HTA 厘米：校正奶量，这是一个以千克为单位的计算机产生的数据，以泌乳天数和乳汁率校正产奶量而得出的。

④Prev. M：上次奶量，这是以千克为单位的上个测奶日该牛的产奶量。

⑤F%：乳脂率，这是从测奶日呈送的样品中分析出的乳脂的百分率。

⑥P%：乳蛋白率，这是从测奶日呈送的样品中分析出的乳蛋白的百分率。

⑦F/P：乳脂乳蛋白比。

⑧SCC：体细胞计数，单位为 1 000，每毫升样品中的该牛体细胞数。

⑨MLOSS：牛奶损失，计算机产生的数据，基于该牛的产奶量及体细胞计数。

⑩PreSCC：上次体细胞计数，单位为 1 000，上次样品中的体细胞数。

⑪LTDM：累计奶量，这是计算机产生的数据，以千克为单位，基于胎次和泌乳日期，可以用于估计该牛本胎次生产的脂肪总量。

⑫LTDP：累计蛋白量，这是计算机产生的数据，基于胎次和泌乳日期，用于估计本胎次以来生产的蛋白质总量。

⑬PeakM：峰值奶量(高峰奶)，以千克为单位的最高的日产奶

量，是以该牛本胎次与前几次产奶量比较得出的。

⑭PeakD：峰值日，表示产奶高峰值发生在产后的多少天。

⑮305M：305 天奶量，这是计算机产生的数据，以千克为单位，如果泌乳天数不足 305 天，则为预计奶量；如果完成 305 天奶量，该数据为实际奶量。

⑯）Reprostat：繁殖状况，如果牛场管理者呈送了配种信息，这将是该牛产犊、空怀、已配或妊娠状态。

⑰DueDate：预产期，如果牛场管理者提供繁殖信息，如妊娠检查，指出是妊娠状态，这一项以上次的配种日期计算出来预产期。

7. TMR 牛场监测体细胞数和奶中尿素氮的作用？

(1)体细胞数 体细胞数（somatic cell count 即 SCC）是指在每 1 毫升牛奶中体细胞的含量，通常用体细胞数作为奶牛乳房健康、乳质量重要指标，并且已经被列入了牛奶的质量鉴定体系。如 1995 年美国农业部规定，生产 A 级奶原料乳中 SCC 不得高于 75 万个/毫升。中国对原料乳中的 SCC 数量还没有统一标准，但为了保证生鲜奶的质量，各加工企业暂按不高于 50 万个/毫升收购。乳中的体细胞主要是淋巴细胞，以多形核噬中性白细胞（PMN）、巨噬细胞（MΦ）和上皮细胞为主，其中 PMN 占 SCC 的绝大多数。AL. Kelly 等（2000）对奶中的 SCC 研究表明，PMN 的浓度与 SCC 高度正相关。据毛永江（2002）对荷斯坦奶牛乳中 SCC 的研究表明，SCC 与牛奶产量、乳脂产量、乳蛋白产量存在着极显著的负相关（$P<0.01$）。据日本学者研究证明，SCC 影响了乳中干物质含量，当 SCC 达到 10 万个/毫升时，乳脂率下降了 0.01%，非脂固形物下降 0.019%，乳蛋白率下降了 0.001%，乳糖含量下降得更多。并且使牛奶中钙、磷含量减少，盐类增加，pH 值上升，热稳定性下

降。Y. Ma 等(2000)研究 SCC 对经过巴氏灭菌的液体奶质量的影响的研究中发现,SCC 在乳房感染后的奶中较高,并且较高的 SCC 牛奶其脂解速度和蛋白质水解速度都高。其中酪蛋白的水解速度是低 SCC 牛奶的 3～4 倍。同时证明低 SCC 的牛奶能保持较高的质量。

(2)牛奶中尿素氮 仅测定牛奶贮存罐中的奶样不可取,分组的牛群其牛奶中尿素氮(MUN)值才具有代表性和实际意义,同时没必要对全群每个牛只都进行 MUN 测定。一般 MUN 可以和奶样的常规测定如乳脂率、乳蛋白率及体细胞数一起测定。如果仅抽样测定 MUN,必须在一组奶牛中至少抽样 8～10 头或参加抽样测定的奶牛数量应该占该组奶牛的 15%～20%。

MUN 在各牧场之间变化较大,但是如果在日粮平衡、干物质采食量合理以及较稳定的产奶水平下,其平均 MUN 水平是会在一个可预测的合理的范围内。许多研究报道认为,MUN 正常范围在 10～16 毫克/分升(1 分升＝100 毫升)。为了确保日粮蛋白质不成为产奶的限制因素,一般认为 MUN 值最好接近正常值的上限(16～18 毫克/dl)。监测 MUN 的作用:

①监测日粮蛋白质的利用效率:MUN 含量过低通常表明日粮蛋白质缺乏。当日粮中瘤胃可降解蛋白质量过低时,日粮蛋白质在瘤胃中消化将受阻,会导致干物质采食量的下降和产奶量的下降。乳蛋白质量过低通常也与 MUN 过低、非结构性碳水化合物采食量下降和日粮非降解蛋白质含量有关。

由于 MUN 浓度与瘤胃中氨浓度密切相关,而 MUN 浓度在早晨和晚间会有较大差异。这也取决于各个牧场的饲喂体系。如果发现早、晚 MUN 的差异较大,则建议增加饲喂次数,利用 DHI 测试体系,还可以观察到不同挤奶次数间 MUN 的差异。

②监测奶牛繁殖性能:MUN 与奶牛繁殖性能的关系繁殖效率是衡量奶牛业经营效益的一个重要因素。特别是分娩后奶牛的

营养水平对繁殖性能以及牛群的整体效益至关重要。通常为了提高奶产量、增加经济效益，日粮营养会过量，特别是在分娩后的泌乳早期。高蛋白质日粮适口性好，能增加采食量，奶农往往在泌乳早期饲喂奶牛的粗蛋白质量会高于生理需要。日粮营养中粗蛋白质含量高不利于奶牛的繁殖力。

8. 体细胞数影响牛奶产量和品质的原理？

体细胞数(SCC)是监测乳房健康的重要指标，SCC 的升高说明乳房发生了细菌的侵害，引起了乳房炎或隐性乳房炎。引发这种感染的主要是葡萄球菌和无乳链球菌以及部分大肠杆菌。这些微生物在乳腺组织中生长繁殖，引起组织损伤，从而使血液中的白细胞向乳腺组织浸润，这些细胞以 PMN 和 Mφ 为主。Mφ 具有吞噬和杀灭细菌的功能，它通过分泌趋化因子和白细胞三烯以吸引 PMN 进入乳腺，于是随着泌乳被排出，导致 SCC 升高。而乳腺组织一旦被微生物感染，乳腺上皮细胞的数量就会减少，并有许多上皮细胞发生纤维化，被部分分泌上皮细胞结缔组织代替，所以正常的泌乳上皮细胞减少，导致产奶量下降。

SCC 升高的另一个原因是动物体内的自由基和脂质过氧化物的大量存在。二者都能破坏生物膜的完整，使细胞发生过氧化损伤。如果体内大量的自由基和脂质过氧化物不能及时地清除，必然造成乳腺上皮细胞的纤维化，尤其损伤乳头管上皮细胞的角蛋白，使乳腺的腺泡上皮细胞泌乳功能减退，产奶量下降。与此同时，大量被损伤的乳腺上皮细胞脱落，随乳汁排出，于是 SCC 升高。

9. TMR 饲料饲喂效果评价？

TMR 饲料配制并使用后要及时有效地对 TMR 饲料的饲喂效果进行评价，以达到提高产奶量、降低牛病发生率的目的。在

TMR 饲料科学配制和混合的基础上，可以通过 DHI 评定、牛体况评分、饲槽剩料观察、牛粪评分和牛舒适度观察等方法对 TMR 饲料的饲喂效果进行综合评价。其中粪便分离筛（图 6-2）为奶牛营养工作者和养殖户充分了解奶牛瘤胃功能和饲料原料消化程度提供了一个简便、有效的工具。顶筛用于评价完整谷物、种子和长牧草颗粒。中间筛用于评价谷物原料加工和中等长度牧草颗粒。底筛用于评价细小的加工副产品和被良好消化的牧草。

图 6-2　粪便分离筛

粪便分离评价步骤。首先，按奶牛组别和所饲喂日粮分别采集粪样，用配备的长柄勺采集"最新鲜"粪样，采集大约 2.3 分米^{3}粪便，总共采集牛群 10%奶牛的粪便。如果粪便不一致，要采集所有类型的粪便。根据粪便类型分布情况，平衡各种类型粪便所要采集的量。

然后，将大约 25%的所采集的粪便转移到顶筛上，将标准喷头与自来水连接并将喷头出水类型设为淋浴。用喷头冲洗粪便（图 6-3）使其流过筛孔，再将 25%的粪样放入顶筛冲洗，重复这一程序直至所有的粪样被冲洗干净。

称量不同筛上的粪便体积或重量对 TMR 饲料进行评价。优质 TMR 饲料要求：①滞留于顶筛上的残留物小于总分离样本体积的 10%，对泌乳早期奶牛<20%。②滞留于中间筛上的残留物

小于总分离样本体积的 20%，对高产奶牛＜30%。③滞留于底筛上的残留物大于总分离样本体积的 50%，如此，饲料纤维消化良好(图 6-4)。需要注意的是谷物加工的方法和程度可造成很大差异。例如：完整或破碎的玉米粒、全棉籽、整粒大豆。如发现要改善加工环节。

图 6-3　水冲洗粪便

图 6-4　粪便分离结果

七、TMR 饲喂保健与疫病防控

1. 如何保定奶牛？

使用铁管(Φ5 厘米～Φ10 厘米)制成保定架。可固定式的保定栏即使在冬季也可放置在牛舍中使用。

根据饲养牛的尺寸设计宽度、长度(图 7-1)。

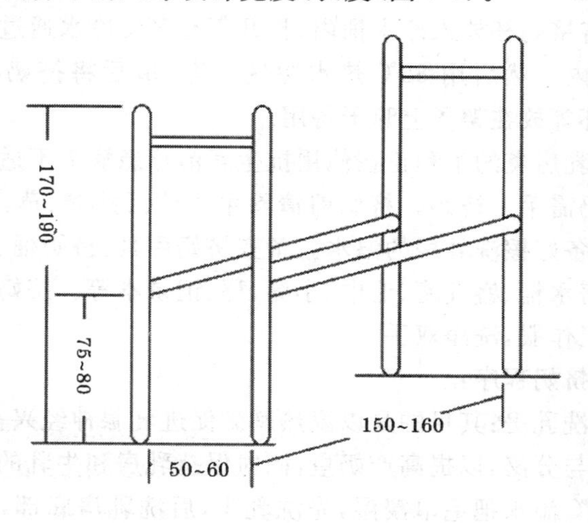

图 7-1　牛只保定栏　(单位:厘米)

2. TMR 饲养管理下为什么还要手工挤奶？

大规模奶牛场现在都有机械化挤奶厅。机械挤奶利用真空造成乳头外部压力低于乳头内部压力的环境，使乳头内部的乳汁向低压方向排出。机器挤奶速度快，劳动强度较轻，节省劳动力，牛奶不易被污染。但是必须遵守操作规程，经常检查挤奶设备的运转情况，如真空和节拍等是否正常，否则会引起奶牛乳房炎，产乳量下降。

机器挤奶的操作：将挤奶器上的大橡胶管与真空管开关连接，打开开关，挤奶器上的脉动器开始工作。将4个挤奶杯的输乳管握在手中使它弯曲，防止由挤奶杯进入空气；另一只手打开挤奶桶上的开关，将挤奶杯按顺序由远及近地逐个套在乳头上，即开始挤奶。挤奶时，挤奶器脉动器的频率每分钟为55～60次。当排乳快结束时按摩乳房。挤奶结束后手握集乳器将挤奶杯卸下，立即关闭挤奶桶上的开关，然后关闭真空管开关，取下大胶管。挤奶器用完后，先将挤奶杯放入冷水桶内，打开真空管使冷水通过挤奶杯进到挤奶桶内。然后用85℃热水冲洗干净，最后将挤奶桶和集乳器、挤奶杯等放在架子上晾干备用。

但有乳房炎的牛和正在使用抗生素治疗患病牛不适合采用机械挤奶，仍需手工挤奶。挤奶前清除牛体沾污的粪、草，清除牛床粪便。准备好擦洗乳房的温水。备齐挤奶用具：挤奶桶、过滤用纱布、洗乳房水桶、盛乳罐、毛巾、小凳、秤、记录本等。挤奶员剪短指甲，穿好工作服，洗净双手。

手工挤奶程序：

①擦洗乳房：其目的是以温热刺激促进乳腺神经兴奋，加快乳汁的合成与分泌，以提高产奶量，同时保持乳房和牛乳的卫生。用40℃～45℃温水把毛巾浸湿，先洗乳头，后洗乳房底部，自下而上擦洗整个乳房，再把毛巾洗净拧干后擦净整个乳房。

②按摩乳房：是以力的刺激，促进乳房显著膨胀，有利于泌乳反射的形成，加速乳汁的分泌与排出。按摩一般进行2次，挤奶前和挤奶过程中各按摩1次，有时为了挤净乳房内的乳，在挤奶结束前还可再按摩1次，每次按摩1～2分钟。按摩方法：第一次采用分侧按摩法。挤奶员坐在牛的右侧，先用两手抱住乳房的右侧两

乳区，自上而下，由旁向内反复按摩数次；然后两手再移至左侧两乳区同法按摩；最后两手托住整个乳房向上轻推数次，当乳头膨胀且富有弹性时，说明乳房内压已足，便可开始挤奶。第二次按摩采取分区按摩法。按照右前、右后、左前、左后4个乳区依次进行。按摩右前乳区时，将两手抱住该部，两拇指放在右外侧，其余各指分别放在相邻乳区之间，重点地自上而下按摩数次。此时两拇指需用力压迫其内部，以迫使乳汁向乳池流注。其他乳区也按同样方法按摩。

③挤奶：挤奶员坐小凳于牛右侧后1/3处，与牛体纵轴呈50°～60°的夹角。奶桶夹于两大腿间，左膝在牛右侧飞节前附近，两脚尖朝内，脚跟向侧方张开，以便夹住乳桶。手工挤奶通常采用压榨法，其手法是用拇指和食指扣成环状紧握乳头基部，切断乳汁向乳池回流的去路，然后再用其余各指依次压挤乳头，使乳汁由乳头孔流出，然后先松开拇指和食指，再依次舒展其余各指，通过左右手有节奏地压榨与松弛交替进行，即一紧一松连续进行，直至把奶挤净。挤奶过程中，要求用力均匀，动作熟练，注意掌握好速度，一般要求每分钟压挤80～120次。在排乳的短暂时刻，要加快速度，在开始挤奶和临结束前，速度可稍缓慢，但整个挤奶过程要一气完成。挤奶的顺序，一般先挤后面两个乳头，后挤前面两个乳头。注意严格按顺序进行，使其养成良好条件反射。

④挤奶时注意事项：挤奶员坐姿要端正，对牛亲和，不可粗暴，注意安全；挤奶要定人、定时、定次数、定顺序进行；开始挤出的几滴乳因细菌含量较高应弃掉；挤奶时要随时注意乳房与乳汁是否正常，如发现乳房有硬块或乳中有絮状物、血丝等，应进一步检查治疗；患乳房炎等病的牛放在最后挤，以防传染其他牛，并把乳汁单独存放；结核病等传染病患者，不能作挤奶员；保持乳汁及挤奶用具清洁卫生；暴躁不老实的牛，先保定两后腿再进行挤奶。

3. TMR 牛场牛肢蹄病如何防治？

健康的肢蹄(图 7-2)是奶牛牧食、运动、配种、劳役、生产等活动的前提。经常修蹄可保证奶牛的蹄形正，肢势良好，保证奶牛正常采食，促进生长、肥育及产奶，还可减少不必要的能量消耗，并且不会造成奶牛疲劳，避免种种应激。另外良好的蹄形会避免奶牛对乳头、乳房的损伤，还可预防奶牛乳房炎、酮病、四肢骨折及韧带受伤等疾病，可见牛蹄虽小，但对奶牛养殖的影响却是巨大的，是养牛业不容忽视的问题。

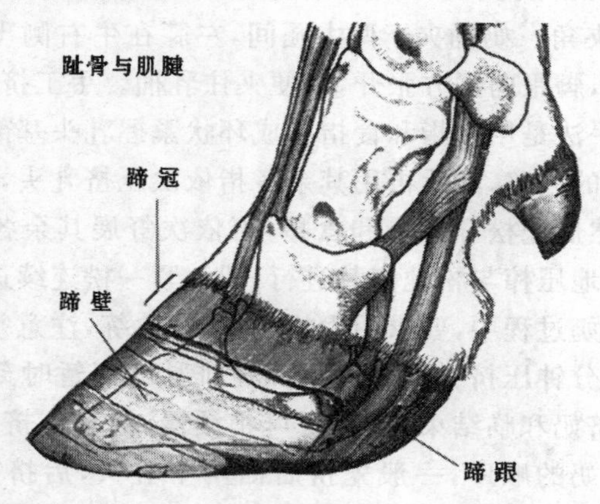

图 7-2　牛蹄结构示意图

肢蹄病是散栏饲养奶牛的主要疾病之一，由于奶牛行走机会多，蹄部浸泡粪尿时间长，故肢蹄病多。根据上海星火农场经验，牛通道和牛床的材料应选用软性和干燥的材料；牛舍内粪尿处理间隔时间应视情况每日 1～2 次；蹄部定期药浴，蹄形定期整修，蹄病及时治疗。采取以上措施肢蹄病可以得到控制。可用木屑铺垫或橡皮软垫，或漏缝地板，以防蹄病。

(1)修蹄　修蹄原则是为了能够在修蹄工作时进行合理顺利，

使修蹄后奶牛肢蹄生理功能及时得到恢复,临床工作要按以下步骤来进行:一检查蹄部,二制定详细的修蹄计划,三实施修蹄计划。

修蹄时还要注意以下事项。

①检查。修蹄前,要做好蹄部检查,检查项目包括蹄的长度、形状和趾高。正常牛前蹄趾长为7.5～8厘米,后蹄肢趾长8～9厘米,蹄底厚度为5～7毫米。

②防止过削。无论修整何种变形蹄,都应根据蹄形的具体情况,以决定修去角质的程度。当趾长度正常,蹄内部底部只能稍加切削,不要将蹄底削得太薄,否则易伤及知觉部。对变形蹄十分严重者,修蹄时应加倍小心,因其趾部的内部形状发生了改变,防止过削伤及牛蹄。

③为了保证蹄的功能,应尽量少削内趾,使内趾高或内外趾等高。

④对跛行牛,修蹄时应先修患蹄,待跛行减轻,再尽快修健蹄。

⑤避免雨季修蹄,修后不易护理,易发感染。

⑥因蹄病修蹄牛,注意术后蹄部护理。

奶牛修蹄示意见图7-3。

修蹄前

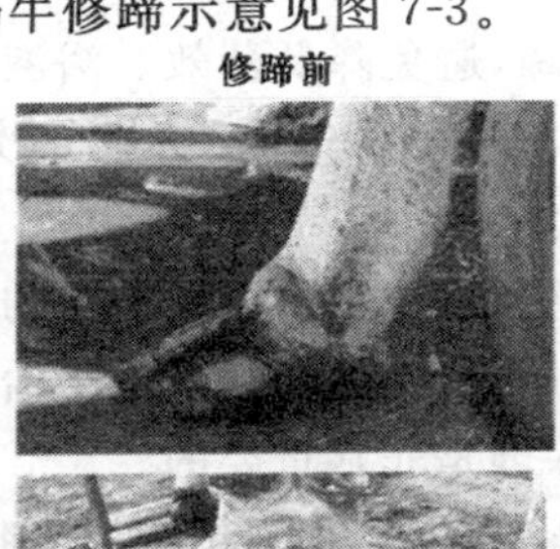

修蹄后

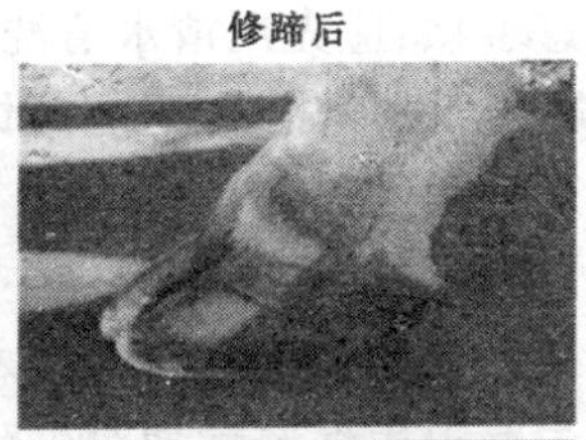

图7-3　奶牛修蹄示意图

(2)蹄浴 蹄浴指用一定浓度的消毒药液处理牛蹄，达到预防、改善或治疗临床蹄病的一种经常性的卫生措施。

蹄浴的药物以 40%甲醛为佳，应用的浓度为 3%～5%，即在 100 升水中加入市售的 40%甲醛 3～5 千克，混合即可。另外，也可用 4%硫酸铜来进行药浴，有无异味、刺激小、价格低等优点。

根据蹄浴的形式、所采用的方法不同，将蹄浴分为浸泡和喷洒 2 种。

①浸泡药浴：将奶牛置于盛有药液的池内，停留一定时间，使牛蹄在药液中得到浸泡的方法为浸泡浴蹄。多用于奶牛场，使用甲醛药浴。药浴池长为 3～5 米、宽为 1～1.5 米，深约为 15 厘米。

注意事项：药浴液添加以刚刚浸没牛蹄为佳。蹄浴后应将奶牛置于干燥场地，干燥 30～60 分钟。药液每月更换 1～2 次。温度 15℃以下时，药效降低，应现配现用。当奶牛表现不适时，应立即停止药浴。患有指(趾)间蜂窝织炎等病的病牛，不要药浴。

②喷洒药浴：将药液直接喷洒在牛蹄上保护牛蹄的办法叫喷洒浴蹄。常用 4%硫酸铜药液。

注意事项：应先用清水清洗牛蹄，避免降低药效。浴液要现配现用，喷壶应去掉喷嘴，避免腐蚀。夏、秋每 5～7 天喷 1 次，冬季可适当延长间隔。

(3)牛蹄的卫生保健 当牛发生蹄病之后，用于治疗的费用及带来的损失要远大于预防的投入，所以，奶牛蹄病防重于治。制定良好的牛蹄卫生保健计划对牛蹄保健是非常重要的。

根据牛蹄病发生的原因，制定保健计划：加强饲养，合理供应营养，营养成分不可过高，也不可过低。加强圈舍及环境卫生，牛棚、运动场要经常清扫，保持场地平整。经常保持牛蹄卫生，冬刷夏洗。

4. 如何经营管理 TMR 牛场？

散栏饲养奶牛场的经营管理不同于传统式的饲养，其管理人员、技术人员和工人都必须有现代化意识和对新饲养模式的确信。必须建立一支一专多能，既懂养牛又会掌握机械操作的队伍。通过严密的劳动组合和劳动管理，调动全体人员的积极性，达到预期的经营目标。

5. TMR牛场应做哪些记录？

(1)初生犊牛记录 犊牛一出生在断脐与喂初乳后，进行称重，登记初生重并打耳号，3天内照相片3张，左、右、头各1张并存档。犊牛卡片填写内容包括父号、母号、该犊牛性别、出生胎次、接产人员、难产顺产、胎衣排出情况、母牛健康状况（包括乳房情况、是否瘫痪、饮食状况）。

(2)体尺测定 到日期及时测定奶牛初生、6月龄、12月龄、18月龄及1胎、3胎、5胎的体尺，测定内容包括体重、体高、腹围、尻宽、胸围、管围及体斜长，其中体高用仗尺测量，腹围、尻宽、胸围、管围及体斜长用软皮尺测量并填写到牛只系谱上，电脑及书面各存1份，分析后及时更改管理措施，有本身因素发育不良的牛只及早做淘汰处理。

(3)每日记录产奶量及牛奶质量 每日记录产奶量，及时调整牛群，每日根据产房出产牛只情况随时及时调整牛群，每天分析牛奶产量与质量并填写日报表，内容包括牛号、三班产量情况、乳脂、乳蛋白质、干物质、细菌数情况（挤奶管理软件可以每天3次监测每头牛的产奶量情况、乳脂肪、乳蛋白、干物质，重点以每日交售商品奶情况检查为准，自测牛奶质量以抽查为主和结合DHI测定分析报告作参考），以便及时调整配方与日粮，更好地促进奶牛生产，达到稳产、高产的目的。

(4)配种记录及产犊记录每日存入电脑 每日分别把发情观察情况及配种记录输入电脑，早、午、晚3个配种员轮流观察发情并填写记录表，发情记录表内容：车间号、饲养员、牛号、牛只发情时间、发情表现，包括饮食行为、爬跨行为、外阴部黏液分泌情况。适时配种，及时填写配种日志，配种日志内容有车间、牛号、胎次、上次产犊时间、产后天数、输精时间、公牛号、解冻方法、上次配种时间、子宫卵巢情况、配种员、精液号、配种次数等。凡屡配不孕的牛只另行造册登记，及时治疗并做好病例登记。

(5)饲草料消耗情况与成本分析 每日根据各车间饲草料用量汇总，计算各种精料和粗料的用量，计算配方营养，若不够及时调整。重点分析投入产出比，尤其是饲草料价格大幅度变化的情况下，更应该分析饲草料成本，从而减少浪费，增加效益。

6. 什么是良好农业规范？

GAP是术语"良好农业规范"的英文(Good Agricultural Practice)缩写。GAP标准是一套系列标准，它针对生产初级农产品的种植业和养殖业(作物、畜禽、水产)规定了良好操作的规范性要求。20世纪90年代后期一些国家和组织相继制定和实施了良好农业规范标准，联合国粮农组织(FAO)为GAP确定了基本原则。

为了提高我国农产品质量安全水平，从食品链的源头控制食品安全危害，增强消费者信心，促进农产品出口贸易，推进农业的可持续发展，我国于2005年正式发布了国家GAP标准，并于2008年进行了修订和补充。2008年10月1日起开始实施GB/T 20014.1—2008至GB/T 20014.24—2008的新版《良好农业规范》系列标准。

(1)标准的特点及其应用 GAP标准可供政府、社会组织、农业企业和农业生产者采用，可用于对规定要求的符合性评价和认证等目的。GAP是非法规性标准，GAP认证遵循自愿性原则。GAP标准采用"危害分析与关键控制点(HACCP)"方法识别、评价和控制食品安全危害，同时提出促进农业可持续发展的生态环境保护要求，员工职业健康、安全和福利要求以及动物福利的要求。

GAP标准以“内容条款的控制点”的形式提出符合性要求，将控制点分为3级。1级控制点是基于“危害分析与关键控制点(HACCP)”的食品安全要求，以及与食品安全直接相关的动物福利方面的要求；2级控制点是基于1级控制点要求的环境保护、员工福利、动物福利的基本要求；3级控制点是基于1级和2级控制点要求的环境保护、员工福利、动物福利的持续改善措施要求。

GAP系列标准分为“农场基础标准”、“种类标准”(作物类、畜禽类和水产类等)和“产品模块标准”(大田作物、果蔬、茶叶、肉牛、肉羊、生猪、奶牛、家禽、罗非鱼、大黄鱼等)三类。实施认证或符合性评价时，须要结合使用上述三类标准。例如：对油菜或香菇的认证应当依据农场基础、作物类、果蔬模块3个标准进行检查/审核；对生猪的认证则依据农场基础、畜禽类、生猪模块3个标准进行检查/审核。GAP认证的申请人可以是“农业生产经营者”如农户、农业企业，也可以是“农业生产经营者组织”即农业生产经营者联合体。GAP实行分级别认证，包括一级认证和二级认证。

一级认证：应符合适用标准中的所有适用一级控制点的要求，应至少符合适用标准中的所有适用二级控制点总数95%的要求，对于三级控制点的最低符合百分比未做规定。二级认证：应至少符合所有适用标准中适用的一级控制点总数95%的要求，对二级控制点、三级控制点的最低符合百分比未做规定。

(2)实施意义 有利于使食品安全危害从源头得到有效控制；有利于增强消费者信心，保护消费者身心健康；有利于提高农业经济效益，使农业生产经营者因生产安全优质食品而获利；有利于传统农业生产方式的变革，推动农业科技进步，加速农业产业化进程；有利于保护生态环境，推进农业的可持续发展；有利于提高我国农产品的国际竞争力。

7. TMR 牛场冬季牛只防寒的技术措施有哪些？

冬季气候寒冷，牛很容易产生冷应激，致使牛只产奶量、增重量、饲料转化率下降，甚至发生冻伤和呼吸道疾病，对此，应采取有效措施预防和应对冬季寒冷天气。

(1)营养措施

①增加饲料喂量：牛属恒温动物，一般体温保持在 38.5℃，当外界气温降低，牛体热散失加快，为了维持体温恒定会动用更多的能量。为此，冬季应适当提高能量饲料如玉米在精饲料中的比例，并提高 10%的精料饲喂量，以保证牛体的基础代谢和防寒需要。因为，提高了饲料的饲喂量，为了减少浪费可少量减少蛋白质饲料如豆粕的添加量，以减少饲养成本。

②保证食盐的供给：冬季牛的胃液分泌量会增加，而食盐(氯化钠)正是胃液的主要成分。若食盐不足，会引起牛的食欲下降、消瘦、产量下降。为此可每头成年牛每日供给 30～50 克食盐，有条件的可设饲槽或舔砖，让牛舔食。但也不是越多越好，其他阶段的牛应适量减少添加量，防止食盐中毒。

③饲喂能抗寒的饲料：饲料有温热性和寒凉性之分，温热性饲料有提高机体新陈代谢、消除体内寒的作用。

牛饲喂酒糟、大麦、稻草、大豆子实、黑豆子实、芹菜根、菠菜根、白菜根、马铃薯、甘薯等都有御寒的作用。

(2)饲养管理措施

①保证牛舍温度：保持牛舍干燥卫生，及时打扫粪便，加厚垫料如柴草或干土。在南方开放式或半开放牛舍式要尽快挂上草帘子或塑料布，以保证牛舍温度。北方全封闭式牛舍，要注意防潮和光照。天晴时将牛牵出舍外晒太阳或加用白炽灯或电暖气增强取暖，并且可以刷拭牛体，促进血液循环增加牛的抵抗力。

②饮用温水：为了维持自身生理和产奶需要，牛每天需要饮用

大量水。一般牛每食用 1 千克精料要给予 3～5 升的水。寒冷冬季，牛若饮用冰冷的凉水，会使牛产生应激，引起感冒、食欲下降、瓣胃阻塞和产量下降等不良后果。因此，牛应早、中、晚各饮用至少 5℃以上的温水。

8. TMR 牛场奶牛冬季易发疾病防治？

(1)冻伤

症状：牛发生冻伤常见于机体末梢，缺乏被毛或被毛发育不良以及皮肤薄的部位，如母牛的乳房、公牛的阴囊底部等。轻度冻伤在皮肤处出现水肿，疼痛。稍重的在患部出现水疱，充满带血样液体。有时水疱自溃后，形成愈合迟缓的溃疡。最严重的表现为局部或肢端皮肤与皮下组织坏死，甚至产生化脓性感染。

治疗：轻微冻伤可用 0.1%利凡诺尔溶液洗净患部，然后涂上羊毛脂、凡士林或复方磺胺软膏，加强护理。若冻伤严重，应全身用抗生素治疗，防止坏死引起感染，同时局部用 5%龙胆紫溶液或 5%碘酊涂擦冻伤部位，并按冻伤程度积极对症治疗。

(2)感　冒

症状：病牛精神沉郁，食欲减退或废绝，常有便秘。眼红，分泌物多，畏光流泪。初流清鼻液，时间长则鼻汁浓稠，或见咳嗽。大部分牛体温升高，呼吸、脉搏增速。皮温不均。病情严重的畏寒怕冷，拱腰战栗，步态不稳，甚至躺卧不起。部分牛出现前胃弛缓，反刍停止。

治疗：可用 30%安乃近 20～40 毫升，或复方氨基比林、复方奎宁(妊娠牛禁用)、百尔定、柴胡等注射液，牛 20～40 毫升或遵照产品说明书用药，一次注射。为预防继发感染，在用解热镇痛剂后，体温未降或症状未减轻者，可适当应用磺胺类药物或其他抗生素。

(3)支气管炎

症状：急性支气管炎：咳嗽，流鼻液，体温正常或稍高；触诊喉头或器官，其敏感性增高，常诱发持续性咳嗽；听诊肺部呼吸音增强，出现干、湿啰音。慢性支气管炎：持续性咳嗽，且咳嗽多发生在运动、采食、夜间或早晚气温较低时，常为剧烈的干咳，鼻液少而黏稠；胸部听诊可长期听到各种干、湿啰音。

治疗：可用 10%磺胺嘧啶钠注射液 100～120 毫升，1 次静脉注射，每日 2 次。或青霉素 320 万～480 万单位，肌内注射，每天 2 次。

(4)支气管肺炎

症状：发热，体温可升高 1.5℃～2℃，通常呈弛张热。呼吸加快甚至呼吸困难，咳嗽，病初为短、干、痛咳，以后变为湿而长的痛咳，伴有流浆液性、或黏液性、有时为脓性的鼻液。病程 2～3 周，可渐康复，一般预后良好。继发其他疾病或转为慢性者，病程拖长，预后不定。

治疗：临床上常用磺胺制剂和抗生素类药物。10%磺胺钠注射液，100～150 毫升，静脉注射。或青霉素 320 万～480 万单位，肌内注射，每天 2 次。笔者曾用双氧水综合治疗牛纤维性肺炎，取得了良好的效果。具体治疗如下：①缓解肺循环障碍，减轻肺负担。做法：静脉放血，严重时一侧放血，一侧静脉滴点。②缓解机体缺氧。做法：用新的双氧水(3%)600 毫升加到 1 800 毫升的葡萄糖(25%)中再加维生素 C 2 支。③抗菌消炎。可用青霉素 160 万单位 4 支和链霉素 600 万单位 1 支，注射用水 30～40 毫升，肌内注射。磺胺类药物也很实用。④制止渗出。葡萄糖酸钙(10%)500 毫升，甘露醇(25%)250 毫升。⑤促进机体排出液体。速尿 200～250 毫克，皮下注射。⑥对症治疗。心脏衰弱时，可用安钠咖或樟脑制剂。咳嗽剧烈时可加安茶碱等镇咳祛痰药。食欲废绝，可给予健胃助消化药。⑦镇静病牛。可用阿托品 20～30 毫克，皮下注射。以上治疗每日 2 次，跟踪治疗 3～7 天，待病牛好转后继续巩固治疗，直到治愈。